HUODIAN GONGCHENG CHUANGYOU GONGYI

CEHUA SHILI

火电工程创优工艺策划实例

孙家华 王绪民 陶国良 编著
侯　敏　孙　龙　耿立新

上册

中国电力出版社
CHINA ELECTRIC POWER PRESS

内 容 提 要

本书结合多年来火电工程建设创优管理的实践，总结了多个火力发电厂成功的经验，规范了火电工程建设过程中各专业创优工艺标准。

本书主要内容包括锅炉、汽轮机、焊接、土建、电气、热控专业，涵盖了各个专业的相关工程建设标准的强制性条文、施工工艺流程、工艺质量控制措施、工艺质量通病防治措施、质量工艺示范图片等内容，目标明确，重点突出，内容丰富，措施具体，可操作性强。

本书适用于各级从事火电工程建设的施工、管理人员，还可供核电施工工艺策划人员参考。

图书在版编目（CIP）数据

火电工程创优工艺策划实例/孙家华等编著 . —北京：中国电力出版社，2014.12

ISBN 978-7-5123-6888-0

Ⅰ . ①火…　Ⅱ . ①孙…　Ⅲ . ①火电厂－电力工程

Ⅳ . ①TM621

中国版本图书馆 CIP 数据核字（2014）第 290162 号

中国电力出版社出版、发行

（北京市东城区北京站西街 19 号　100005　http://www.cepp.sgcc.com.cn）

汇鑫印务有限公司印刷

各地新华书店经售

*

2014 年 12 月第一版　　2014 年 12 月北京第一次印刷

880 毫米×1230 毫米　32 开本　11.75 印张　283 千字

印数 0001—3000 册　　定价 **36.00** 元（上、下册）

前　言

　　随着火电行业的飞速发展，国家、行业颁布实施了一系列关于火电工程建设管理的法律、法规及相关规程等，为规范火电工程建设管理，提高电力建设质量水平，奠定了良好的基础。其中，电力建设专家委员会站在技术创新的前沿，开展深入的调研，组织编制了《创建电力优质工程》系列书籍，指导各火电项目创建优质工程。通过近几年的实践，国内外一大批电力工程的建设质量达到了国内甚至国际先进水平。但是，在创优检查过程中仍发现很多项目施工工艺水平参差不齐，甚至在施工过程中有违反工程建设标准强制性条文的现象。

　　为了更深入的规范火电工程创优施工工艺标准，落实工程建设标准强制性条文，提高施工质量工艺水平，编写人员历时5年，调研或参与了十里泉电厂、华威电厂、邹县电厂、菏泽电厂、大别山电厂、田集电厂、漕泾电厂、外高桥电厂、平顶山电厂、白城电厂、芜湖电厂、平圩电厂、海阳核电厂等10多个工程项目的创优工作，经过归纳、分析、总结、提炼，形成了《火电工程创优工艺策划实例》一书。

　　《火电工程创优工艺策划实例》分锅炉、汽轮机、焊接、土建、电气、热控专业，讲述了工程创优施工工艺策划，重点是各个专业"相关强制性条文"、"施工工艺流程"、"工艺质量控制措施"、"工艺质量通病防治措施"、"质量工艺示范图片"等内容，目标明确，重点突出，内容丰富，措施具体，可操作性强。在写作过程中我们得到了很多专家、老师的无私帮助，在此表示衷心的感谢。

　　本书在编写过程中，参照并引用了电力建设行业标准的部分内容，并得到了中电投电力工程有限公司、中能建安徽电力建设第二工程公司、山东电力建设第一工程公司等相关单位的大力支持与帮助，在此表示衷心的感谢。

由于编著者的水平、经验所限，书中难免有疏漏和不足之处，敬请各位批评指正。

编著者

2014 年 10 月

目　录

前言

上　册

下　　册

第一章

锅 炉

第一节 锅炉"四管"防爆措施

一、相关强制性条文

1.《电力工业锅炉压力容器监察规程》（DL 612—1996）

> 4.1 从事锅炉、压力容器和管道的运行操作、检验、焊接、焊后热处理、无损检测人员，应取得相应的资格证书。
>
> 7.2 锅炉、压力容器及管道使用的金属材料质量应符合标准，有质量证明书。使用的进口材料除有质量证明书外，尚需有商检合格的文件。

2.《电力建设施工技术规范 第 2 部分：锅炉机组》（DL 5190.2—2012）

> 5.1.6 受热面管通球试验应符合下列规定：
>
> 受热面管在组合和安装前必须分部进行通球试验，试验应采用钢球，且必须编号并严格管理，不得将球遗留在管内；通球后应及时做好可靠的封闭措施，并做好记录。
>
> 13.5.1 锅炉范围内的给水、减温水、过热器和再热器及其管道，在投运前必须进行冲洗和吹洗，以清除管道内的杂物和锈垢。
>
> 13.5.2 管道的冲洗和吹洗工作应执行 DL 5190.3 中管道系统的清洗规定；临时管道的焊接必须由合格焊工施焊，靶板前的焊口应采用氩弧焊打底工艺；并尽可能缩短靶板前的临时系统管道。

3.《电力建设施工技术规范 第 5 部分：管道及系统》（DL 5190.5—2012）

> **4.1.4** 合金钢管道、管件、管道附件及阀门在使用前，应逐件进行光谱复查，并做材质标记。

二、施工工艺流程

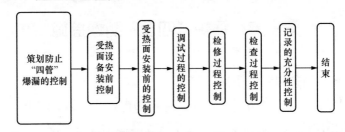

策划防止"四管"爆漏的控制 → 受热面设备安装前控制 → 受热面安装前的控制 → 调试过程的控制 → 检修过程控制 → 检查过程控制 → 记录的充分性控制 → 结束

三、工艺质量控制措施

1. 锅炉受热面设备安装前控制措施

（1）检查核对锅炉厂提供的出厂技术说明书、质量保证书等资料是否齐全，至少应包括：

1）受热面管材的技术条件、化学成分、力学性能（常温和高温）、供货状态的检验结果。

2）受热面管子及与其相连接的汽包、（或）汽水分离器、减温器及集箱接头，焊接质量控制和检验结果。应出具的检验报告至少包括：焊接工艺评定试验报告、焊工考试合格证书、抽查焊接试样的试验报告、焊缝返修报告、无损探伤检查报告、热处理质量检验报告和水压试验检验报告等。

3）检查受热面蛇形管在制造厂通球试验和超压水压试验的记录，奥氏体不锈钢材质的受热面进行水压试验所用的水必须采用化学除盐水，不得采用生水，检查相应的水质化验报告、蛇形管内的积水排放及吹干的检查记录。

4）检查奥氏体不锈钢管子弯管后进行固溶处理的记录。

5）检查锅炉四管及其与其他承压（载）部件之间合金元素差异较大的异种钢焊接情况，检查异种钢焊接工艺评定情况和工艺评定的记录，至少应包括接头形式、焊接材料、焊前预热、焊接方式和参数、焊后热处理等工艺及其试件的检验结果。

6）检查锅炉厂初次试用于锅炉受热面的新钢种，检查新钢种有关单位出具的材料试验报告，确认材料合格可以使用在锅炉上的证明文件。

7）在锅炉设备订货合同和技术协议中规定的其他技术条款，及其实施情况和检验结果。

（2）方案中应规定受热面管子安装前管子质量和制造厂焊口质量检查要求，至少应包括：

1）检查管子和集箱表面有无裂纹、折叠、龟裂、压扁、砂眼和分层等缺陷以及焊缝焊偏、咬边、气孔和凹坑等表面缺陷。

2）外表缺陷深度超过管子规定壁厚 10%以上或咬边深度大于 0.5mm 时应采取修理措施；并应着重检查承受荷重部件的承力焊缝，该焊缝外形尺寸必须符合设计图纸规定及焊接规范要求。

3）应规定对受热面管子的外径和壁厚进行抽查的比例、抽查的方法和要求，重点应检查炉膛开孔周围水冷壁管的壁厚及原材料外观质量、受热面管下弯头、冷灰斗水冷壁管、水冷壁高温区管子的壁厚、下降管弯头壁厚和椭圆度。

4）应规定对受热面弯管检查的比例、检查要求和方法。

5）应规定对制造厂焊口按《火力发电厂焊接技术规程》（DL/T 869—2012）要求进行抽查，并重点检查难焊接部位的焊缝、外观有异常部位和容易发生爆漏部位的焊缝，可以重点检查进出口及中间集箱管座焊缝、燃烧器区域的水冷壁鳍片焊缝、螺旋水冷壁前后冷灰斗斜坡处鳍片焊缝、承受荷重的悬吊管焊缝。

6）应规定对受热面合金钢管及其手工焊缝进行 100%的光谱和硬度抽查分析。

7）进口锅炉钢管应符合有关国家标准，并进行严格的质量检验，确保其各项元素成分、性能指标满足规定要求。进口报关手续齐全，检验资料完整真实。

8）由于制造缺陷致使质量达不到锅炉规范的规定时，应由业主和制造厂家联系处理。

（3）受热面安装前应规定的其他措施：

1）应核对受热面节流装置的规格与同心度进行检查，确认符合设计及规范要求。

2）应规定对膜式壁拼缝用的钢板、其他金属附件的材质及其焊接情况进行检查，防止错用钢材和存在焊接缺陷。

3）采购的锅炉设备在厂家或工地停放时间较长（超过一年）时，应对设备的保护状况进行检查，必要时对设备进行技术鉴定。

2. 锅炉受热面组合安装前的控制措施

（1）在组合安装前检查集箱，管排内部应无积水、腐蚀和杂物，并吹扫干净，各接管座应无堵塞，并彻底清除"钻孔底片"（俗称眼镜片）、铁屑等杂物。

（2）采用内窥镜或摄像头等有效方法和手段检查集箱接管座的角焊缝焊接质量。

（3）受热面管在组合和安装前必须进行通球试验，通球试验用球应采用钢球，球径应符合规范要求，通球过程应有严格的管理制度，责任到人严防将钢球遗留在管内，通球后管口应有可靠的封闭措施，并有管子通球过程的状态标识。

（4）对于无法进行通球检查的集箱，应采用内窥镜等工具逐一进行内部检查，同时用吊车将管排倒立，多次将内部杂物倒出，确保集箱内部清洁无杂物，清理干净后随即对管口进行可靠封闭，并办理清理签证。

（5）在集箱、承压管道和设备上开孔时，应采取机械加工，不得用火焰切割，不得掉入金属屑粒等杂物，有杂物落入时必须及时清除，并应确保这项工作在吹管前完成。

3. 锅炉受热面组合、安装过程的控制措施

（1）管子对口过程中应检查受热面管子的外径、壁厚、错口以及管子中心偏折度，偏差不得超过锅炉规范的允许范围。如偏差超出标准要求，应按规范要求进行处理。

（2）带炉墙的水冷壁组件，应先做水压试验合格后才能组合炉墙。

（3）受热面管子组装后发现的缺陷不易处理，组装前应做一次单根水压试验或对焊口进行探伤检查。

（4）在过热器、再热器安装和焊接过程中，应对管子外壁进行 100%宏观检查，并检查吹灰器喷嘴的位置是否对准管排空间，对过热器、再热器吊卡及固定卡进行检查与调整。

（5）对高温过热器、再热器监视段设置情况和记录进行检查，对过热器、再热器管壁温度测点安装焊接情况进行检查及校验。

（6）锅炉"四管"的安装焊口探伤比例，应在满足《火力发电厂焊接技术规程》（DL/T 869—2012）要求的基础上，应逐步提高无损探伤比例最终做到 100%无损探伤，并按规定采用超声波探伤和射线透照的比例（应符合超声波探伤和射线透照规定的比例要求）。

（7）安装时应根据图纸、设计文件要求保证受热面安装尺寸和预留膨胀间隙的准确性，特别注意运行中有相对位移的管段应留出充足的膨胀间隙。

（8）应规定锅炉膨胀指示器安装和校对零位的要求。

（9）受热面的防磨装置应按图留出膨胀间隙，并不得妨碍烟气流通。

（10）应对水冷壁支吊架、挂钩，炉膛四角及与燃烧器大滑板

相联处水冷壁管，吹灰器喷嘴位置进行检查。

（11）检查低温再热器管子是否按设计焊接连接，防止整个管屏刚性增大，膨胀时互相约束，使角焊缝处应力增大。防止管系在运行期间存在振动时，加剧角焊缝处裂纹的产生和扩展。

（12）应采取阻而不堵的措施，消除受热面管束与炉墙之间的烟气走廊，防止局部磨损发生。对可能产生严重磨损的部位应采用双重防磨，喷涂后再加防磨瓦，更换耐磨管材后再加防磨涂层等措施。

（13）锅炉整体超压水压试验控制要求，具体可见水压试验方案审查结果。

4. 锅炉调试过程的控制措施

（1）锅炉燃用煤种的控制。

1）锅炉燃用的煤种应尽量采用或接近锅炉设计要求的煤种。

2）锅炉调换煤种可能引起运行异常，调换煤种应先进行全面的燃烧调整试验，寻求最佳的运行方式和运行工况。

3）加强入炉煤快速分析预报工作，为运行人员调整燃烧提供依据。

（2）锅炉调试过程相关设施投运的控制。

1）飞灰测碳在线系统应正常投入，有利于炉运人员及时调整一、二次风。DCS等系统的投用，要避免颗粒不均匀、燃烧不完全的煤粉冲刷水冷壁管引起磨损爆漏。

2）应及时投用锅炉灭火保护系统，煤质不好和燃烧不稳，要认真做好燃烧调整，必要时投入油枪稳燃，防止锅炉"灭火放炮"事故发生。

3）应及时做好安全门校验工作，在水压试验和锅炉运行中严禁超压。一旦发生超压时应立即采取措施降压，并做好超压记录，认真分析原因提出改进措施。

（3）锅炉启动、停炉和运行过程中的控制。

1）锅炉启动、停炉和运行过程必须严格按照运行规程操作，严格执行锅炉启、停炉曲线，严禁锅炉快速升降负荷和超负荷运行，避免应力集中引起金属疲劳造成管子泄漏。

2）锅炉启动时要防止由于锅炉等离子点火无油燃烧，炉膛火焰中心偏高，高压旁路开度不足造成分隔屏过热器通流量小，分隔屏过热器过热超温引起爆漏。

3）锅炉启动、停炉和运行过程中，应对管子膨胀、应力情况进行监视和检查。重点检查：

a．冷壁四角因膨胀不畅而易拉裂的部位。

b．渣斗上方人孔门及前后拱容易产生热应力的区域，应采用应力测试仪进行测量，检查应力是否超标。

c．每次锅炉启动要做好水冷壁的膨胀记录，判断膨胀是否正常。发现异常应做好记录，及时分析原因并采取纠正措施。

4）锅炉运行过程中，应对锅炉燃烧情况进行监视和调整。

a．锅炉各部参数发生变化时，应及时进行燃烧调整，防止发生火焰偏斜、贴壁、冲刷受热面等不良情况。

b．锅炉运行要认真进行燃烧调整，尽量减少烟气处于强还原性气氛而造成对炉管的热腐蚀。

c．合理控制风量，避免风量过大或缺氧燃烧，投、停燃烧器应注意分布对称性，以尽量减少热力偏差，防止受热面超温。

d．应对过热器、再热器运行中蒸汽温度和管壁温度进行监测，防止管壁超温。

e．汽温调节应分级控制，真实记录并统计超温时间，同时要认真分析超温原因，并制定在运行中防止超温的技术措施。在试运阶段应定期检查屏式过热器、高温过热器和高温再热器等有超温记录的管子，是否发生异常情况。

f．锅炉启动、停炉要严格监视炉膛烟温探针温度，控制油枪投用油量，防止再热器过热干烧超温。

（4）锅炉调试过程其他控制措施。

1）锅炉调试过程应安排制粉系统和锅炉漏风试验，加强巡检及时发现和消除漏风现象，保证制粉系统和锅炉漏风值控制在设计范围内，防止锅炉炉底漏风和一次风速过大，使燃烧推迟火焰中心上移，造成炉膛出口温度升高受热面管壁过热。

2）严格执行《火力发电厂水汽化学监督导则》（DL/T 561—2013）的规定，按照凝结水、锅炉给水、蒸汽等品质指标，做好定期、连续排污和炉内加药以及水质清洗工作。应规定投精处理系统的时机，确保水质合格，不合格水质不入炉，不合格蒸汽不启机，防止受热面结垢或腐蚀。

3）水压后至酸洗、酸洗后至整套启动期间，必须按《火力发电厂停（备）用热力设备防锈蚀导则》（DL/T 956—2005）进行防腐保护，制定相应的各项防腐措施。

4）在机组化学清洗时宜采用正式系统及设备，扩大化学清洗范围，包括除氧器、高/低压加热器、凝汽器汽侧及相应的系统。

5）清洗完后，对锅炉受热面下集箱进行 100%的割管检查，对除氧器、高/低压加热器和凝汽器进行了全面清理，保证锅炉本体和炉前系统内部清洁。

5. 锅炉检修、检查过程控制措施

（1）锅炉吹管后割管检查和清理措施。

1）应包括屏式过热器入口汇集小集箱、末级过热器入口汇集小集箱、低温再热器入口集箱，避免低温再热器、屏式过热器和末级过热器内存杂物引起爆管事故。

2）末过入口集箱、屏式过热器入口集箱上设计有节流孔，其孔径最小处仅为 $\phi13$，以致很小的异物都有可能造成节流孔处堵塞，应确定割管检查的比例。

（2）锅炉停炉检修期间设备检查消缺措施。

1）应对省煤器防磨装置磨损情况进行检查，对管排及其间距变形情况进行整理，对省煤器入、出口集箱管座焊口进行抽查。

2）锅炉金属壁温测点、汽温测点进行检查和校验，确保测量准确，防止因测温不准而出现超温现象。

3）检查存在相互接触，易产生局部磨损的部位，处在烟气流速和飞灰浓度高的部位的受热面磨损情况。

4）检查水冷壁燃烧器喷口、看火孔和人孔门等弯管部位，穿墙管及易漏风产生冲刷磨损部位，冷灰斗、斜坡墙、炉膛四角和抽炉烟口以及蒸汽吹灰器对受热面吹扫部位的受热面磨损情况。

5）水冷壁管与烟、风道滑动面连接部位，补焊过的管子和膜式受热面不规范鳍片焊缝，集箱管座焊口暴露的缺陷。

6）检查膨胀不畅易拉裂和应力集中等部位管子的损坏情况，如：

a. 水冷壁四角管子。

b. 燃烧器喷口和人孔门弯管部位的管子。

c. 受水力或蒸汽吹灰器的水（汽）流冲击的管子。

d. 水冷壁或包墙管上开孔装吹灰器部位的邻近管子。

e. 工质温度不同而连在一起的包墙管。

f. 与烟、风道滑动面连接的管子等。

7）承受荷重部件的承力焊口，变形严重的受热面管排。

8）试运行过程有超温记录部位的管子，高温过热器、再热器外三圈管子迎火面。

9）化学和金属监督要求抽样检查部位的管子。

10）易结垢和易腐蚀的受热面管子。

（3）当发现下列情况时应更换管子。

1）管子外表有宏观裂纹。

2）管壁减薄量大于壁厚的 30%，管壁小于强度计算的壁厚。

3）腐蚀点深度大于壁厚的 30%。

4）合金钢管外径蠕变变形大于 2.5%，碳钢管外径变形蠕变大于 3.5%。

5）微观检查发现蠕变裂纹。

6）奥氏体不锈钢管产生应力腐蚀裂纹。

7）高温过热器管和再热器管外表氧皮厚度超过 0.6mm。

8）其他异常情况见《火力发电厂金属技术监督规程》（DL/T 438—2009）。

6. 技术方案中有关记录策划的充分性审查

方案中至少应规定以下记录要求：

（1）受热面管子外观检查记录。

（2）受热面管子焊接外观检查记录。

（3）受热面管子测厚记录。

（4）受热面管子光谱试验记录。

（5）通球记录。

（6）焊接记录。

（7）热处理记录。

（8）管子超温记录。

（9）割管检查记录。

（10）受热面管子更换记录。

（11）受热面管子单根（部件）水压试验记录。

四、工艺质量通病防治措施

1. 容易出现的质量问题

（1）材质不合格。

（2）外观工艺差。

（3）管子漏焊。

（4）管屏密封严重咬边。

（5）集箱内部有异物。

2．控制措施

（1）充分的发挥锅炉、焊接 QA 小组的作用。

（2）严格按规程、规范施工，确保受热面系统内部清洁。

（3）严格焊接、热处理和气割工艺纪律，确保工艺质量。

（4）严格按照图纸施工，保证受热面安装的准确性。

五、质量工艺示范图片

内窥镜检查、高温再热器进口集箱内窥镜检查、屏式过热器进口集箱内窥镜检查、水冷壁进口集箱内窥镜检查、末过进口小集箱内窥镜检查的示范图片分别见图 1-1～图 1-5。

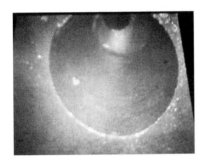
图 1-1　内窥镜检查

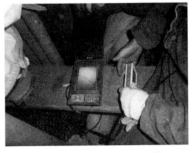
图 1-2　高温再热器进口集箱内窥镜检查

图 1-3　屏式过热器进口集箱
内窥镜检查

图 1-4　水冷壁进口集箱
内窥镜检查

图 1-5　未过进口小集箱内窥镜检查

第二节　锅炉烟、风、煤粉管道支吊架安装

一、相关强制性条文

1.《火力发电厂汽水管道设计技术规定》(DL/T 5054—1996)

> 7.1.1　管道支吊架的设计应满足下列要求：
>
> 7.1.1.1　管道支吊架的设置和选型应根据管道系统的总体布置综合分析确定。支吊系统应合理承受管道的动荷载、静荷载和偶然荷载；合理约束管道位移；保证在各种工况下，管道应力均在允许范围内；满足管道所连设备对接口推力（力矩）的限制要求；增加管道系统的稳定性，防止管道振动。
>
> 7.1.1.6　在任何工况下管道吊架拉杆可活动部分与垂线的夹角，刚性吊架不得大于 3°，弹性吊架不得大于 4°，当上述要求不能满足时，应偏装或装设滚动装置。
>
> 根部相对管部在水平面内的计算偏装值为：冷位移（矢量）+ 1/2 热位移（矢量）。
>
> 7.1.1.7　位移或位移方向不同的吊点，不得合用同一套吊架中间连接件。保证在各种工况下，管道应力均在允许范围内；满足管道所连设备对接口推力。

2.《电力建设施工技术规范　第 8 部分：加工配制》（DL 5190.8—2012）

> 4.6.1　支吊架零部件卷制或压制应采取多次成形的方法。
>
> 4.6.7　螺纹和滚动部位应涂油脂，并应采取防止螺纹损伤的措施。
>
> 4.6.8　滑动支架的工作面应平滑灵活、无卡涩现象。

3.《电力建设施工技术规范　第 5 部分：管道及系统》（DL 5190.5—2012）

> 5.7.9　在有热位移的管道上安装支吊架时，根部支吊点的偏移方向应与膨胀方向一致；偏移值应为冷位移值和 1/2 热位移值得矢量和。热态时，刚性吊杆倾斜值允许偏差为 3°，弹性吊杆倾斜值允许偏差为 4°。

二、施工工艺流程

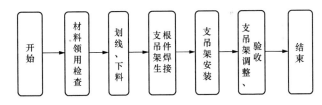

三、工艺质量控制措施

检查项目：

（1）焊缝余高：平焊 0～3mm，其他位置小于 4mm。

（2）余高差：平焊不大于 2mm，其他位置小于 3mm。

（3）错边小于 0.3mm。

（4）角接头：贴角焊焊脚为 3～5mm，焊脚尺寸差不大于 3mm。

（5）零部件的数量和外形尺寸应符合图纸要求，临时加固、临时吊环焊接应牢固。

（6）支吊架生根结构上的孔应采用机械钻孔。

（7）制作合格的支吊架应先进行防锈处理，并妥善分类保管，合金钢支吊架应按设计要求有材质标记。

（8）滑动支架的工作面应平滑灵活，无卡涩现象。

（9）制作后应对焊缝进行外观检查，不允许漏焊、欠焊、焊缝及热影响区有裂纹或严重咬边等缺陷。焊接变形应予矫正。

（10）管道支吊架弹簧表面不应有裂纹、折叠、分层、锈蚀、划痕等缺陷。

（11）整定弹簧固定销应在管道安装结束，且保温后方可拆除，固定的应完整抽出，应妥善保管。

（12）支吊架调整后，各连接件的螺杆丝扣必须带满，锁定螺母应锁紧，防止松动。

四、工艺质量通病防治措施

支吊架施工常见的质量通病有：施工工艺粗糙、固定支架不平整、滑动支架卡涩、根部焊缝强度不足、弹簧过压等，施工时应注意：

（1）支吊架安装必须严格按照图纸要求进行施工。平面定位应严格测量放线，标高依添加铁件进行调整。支吊架零部件和组装总成件的加工尺寸必须符合设计规定，所有螺栓穿入方向一致。同排支吊架设计无坡度要求时，应保持在同一水平上，吊杆的中间调整螺钉或 U 形接长吊环应处于同一标高和同一方向，在 90°两个方向上保持垂直（有偏装要求除外）。

（2）现场配制的支吊架安装必须符合规范要求，做到尺寸正确，焊缝均匀，滑动灵活，弹簧型号和位置正确。支吊架、耳板销孔必须采用机械加工成孔，耳板配制必须采用机械加工。支吊架制作及安装完毕后应对焊缝进行外观检查，焊缝高度必须符合规定且应保证焊缝表面光滑、平整，不允许漏焊、欠焊，焊缝及热膨胀区不允许有裂纹或者严重咬边等缺陷。焊接变形应全部矫正。

（3）支吊架生根应符合规范要求且应与管线平行。吊架的垂直度必须在两个方向予以保持。支吊架管部 U 形抱卡应与管道密贴，螺母紧固均匀。在数条平行管道敷设中，其托架可以共用，但不允许将运行时位移方向相反或位移量不等的管道共用。

（4）吊杆及吊耳安装应沿管路成一直线，吊耳方向应保持一致。同排支吊架其坡度应一致，且吊杆长度应保证端点与支架间距一致。固定支架固定面应在管段上挂线（一个直线段）找正，然后固定焊接。

（5）支吊架安装若遇穿越平台、墙体时，平台、墙体上开孔必须放线定位正确，确保开孔为最小且满足膨胀要求，钢平台孔周应用扁铁围边，墙体开孔应委托土建单位实施并加固装饰。

（6）支吊架安装前应充分考虑管线膨胀，按设计要求调整位移，并保证安装符合规范要求。

（7）弹簧支吊架安装除规范要求外，应充分考虑弹簧的方向，尽可能保证方向一致美观，弹簧指示面应尽可能朝向易观察的方向。支吊架弹簧应有出厂合格证件，安装前应进行全压缩及工作荷载试验。

（8）滑动支架、滑动面和管道支托的接触面应平整，接触面积应在设计面积的 75% 以上。滑动支架的注油工作，其油料在施工温度和使用温度两种条件下都应满足功能要求。滑动支架的工作面应平滑灵活，无卡涩现象。

（9）导向支架和滑动支架的滑动面应洁净、平整。聚四氟乙烯板等活动零件与其支撑件应接触良好，以保证管道能自由膨胀。所有活动支架的活动部分均应裸露，不应该被异物覆盖。

管道安装完毕后，应按设计要求逐个校对支吊架的形式、材质和位置。支吊架安装中所有焊点焊接完成后应认真清除药皮和焊接飞溅物。支吊架的安装、调整必须有专人负责，且保留记录。

五、质量工艺示范图片

煤粉管恒力吊架煤粉管直段吊架、多层煤粉管道吊架、煤粉管道弯头处多种吊架、混凝土梁上设立烟道支架的示范图片分别见图 1-6～图 1-9。

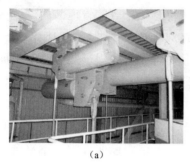
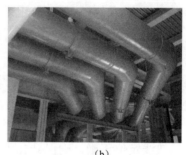

（a）　　　　　　　　　　　（b）

图 1-6　煤粉管恒力吊架煤粉管直段吊架

图 1-7　多层煤粉管道吊架

图 1-8　煤粉管道弯头处多种吊架　　图 1-9　混凝土梁上设立烟道支架

第三节　锅炉热力小径管道安装

一、相关强制性条文

1.《火力发电厂汽水管道设计技术规定》(DL/T 5054—1996)

> 7.1.1　管道支吊架的设计应满足下列要求:
>
> 7.1.1.1　管道支吊架的设置和选型应根据管道系统的总体布置综合分析确定。支吊系统应合理承受管道的动荷载、静荷载和偶然荷载;合理约束管道位移;保证在各种工况下,管道应力均在允许范围内;满足管道所连设备对接口推力(力矩)的限制要求;增加管道系统的稳定性,防止管道振动。

2.《电力建设施工技术规范　第 2 部分:锅炉机组》(DL 5190.2—2012)

> 6.1.2　合金钢管子、管件、管道附件及阀门在使用前应逐件进行光谱复查,并做出材质标记。

3.《电力建设施工技术规范　第 5 部分:管道及系统》(DL 5190.5—2012)

> 5.2.2　导气管安装时管内壁应露出金属光泽且应确认管道内部无杂物。

二、施工工艺流程

1. 施工工艺流程
2. 热力小管道的安装

小口径管道工程的范围主要包括热工仪表和控制管道、热力系统疏放水管道、汽水取样、加药管道、放空和排汽管道、设备冷却和密封用水管道、油系统范围内小直径管道等几个系统。

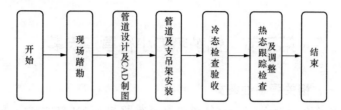

安装质量控制标准：对于$\phi89$以下的管道，图纸上一般仅给出管子材质、规格及系统示意图，其他资料（如支吊架形式、阀门的位置等）则不明确表示。安装单位根据施工现场实际情况统一进行二次规划设计，画出三维立体图，能集中布置的尽量集中布置，设计图必须报监理部审核。

（1）工艺管道的走向布置要统一有序，各阀门的布置应能方便操作和安装牢固。视现场具体情况确定合理的走向，一般应集中布置。

（2）合金钢的材料应逐件进行光谱复查，并做出材质标记。

（3）管道的安装要做到工艺美观、横平竖直，走向合理简便；成排管间距均匀。

（4）导向支架和滑动支架的滑动面应平滑洁净，各活动零件与其支承件应接触良好，以保证管道能自由膨胀。

（5）安装完成后进行冷态检查验收。

3. 小口径管道施工工艺要求

（1）在小口径管道布置及施工过程中，要严格按介质、压力和温度对小径管进行区分，布置时分别考虑。要充分考虑管道本身的热膨胀及所属系统的热位移，支架膨胀点的卡子要求向膨胀方向的反方向位移膨胀量的1/2；所有穿墙、穿楼层的管道要在穿墙和穿地面的部位加装套管，穿墙套管应和墙体保持平齐，穿地面的套管应高出地面30～50mm；疏放水管道禁止沿表地面水平布置，如需水平布置，应高出地面30mm；对介质温度较高的管子合理设计膨胀弯来消除热膨胀。

（2）小口径管道安装坡度必须符合规范规定的要求，严禁管线在水平方向布置时上下出现 U 形弯，防止产生水封现象；在小口径管道易受外力的地方，应使用框架固定，不宜采用零星支架。要用 U 形卡子固定，且管子在 U 形卡子中间能够滑动，保证其在各种工况下均无硬性受力。

（3）支吊架的统一设计，具体形式以《火力发电厂汽水管道支吊架设计手册》为依据。支吊架除根部采用焊接外，其余全部为可拆卸方式，以方便投产后的检修，安装前对整套支吊架进行彻底除锈，并进行涂漆处理，保证外观统一、协调。

支吊架安装位置、形式均符合设计手册要求，支吊架边缘距焊口不小于 100mm。全部用无齿锯切割及机械钻孔的方法制作支吊架及生根。同时严禁支吊架生根安装在热位移较大或运行时晃度较大的管道上。

导向支架和滑动支架的滑动面保持洁净、流畅，活动零件与其支撑件接触良好，以保证管道能够自由膨胀。支吊架中起连接作用的拉杆和吊环，其焊缝长度不小于拉杆直径的 3.5 倍，支吊架拉杆螺栓应带满扣并留有 3～5 扣余量。

（4）对合金材质的小口径管道，在材质复检合格后，进行细致标识，防止管材的错用。对施工余料、代用管道要严格按照审批程序建立跟踪记录台账。

（5）小口径管道焊接应采用氩弧焊打底或全氩弧焊工艺，管子下料过程中采用机械冷加工工艺，确保小径管的内部畅通。严禁在主管道上直接挖孔焊接，必须采用接管座的方式与主管连接；小口径管道弯头应尽量采用热压弯头，必须在现场弯制的弯头应采用机械冷弯，且弯曲半径应符合规范要求、椭圆度不超标。小口径管道安装前必须保证管道畅通及管内清洁，应进行通球检查和压缩空气吹扫，通球检查所用的球径应符合规范要求，通球检查必须有专人负责并留下记录；小径管清理后，应用胶布临时封口，使用前方可拆封；安装期间如有停顿要及时封堵，保证管内清洁，防止堵塞。安装完后，按图纸要求进行严密性试验。

（6）小径管安装时尽可能对称布置，保证横平竖直，弯曲半径一致；整排布置的小口径管道和阀门应做到排列整齐，间距均匀，弯头弯制角度一致。同时小管的控制阀门也相应统一集中布置且要便于操作，确保整齐划一，力求达到艺术效果。

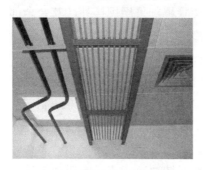

图 1-10　热力系统疏放水、放空气和排汽管道

（7）热力系统疏放水、放空气和排汽管道（见图 1-10），施工前将小管按引出位置全面统计，规划区域、统一走向布置。在一定区域设计集箱，将一定范围内的相同介质和相近压力的小管集中后再用一根排放母管输向正式设计的系统。走近楼板或地面的管道要穿过楼板在楼板下布置或埋入地面下 50mm以下布置，同时做好管道防腐工作。

（8）设备冷却、密封用水管道应尽量不占用施工通道及检修场地，如小管的走向贴近混凝土基础、钢梁及大口径管道时，在满足介质流向要求和坡度的情况下，可以采用绕行的方式；管道内流动介质为常温的小径管，宜采用地下敷设的方式。从而保证美观与实用。

三、工艺质量控制措施

（1）小口径管道、阀门布置不合理，不便于操作和检修的控制措施：依据设计院、制造厂提供的系统图、管线流程图、总体布置图等相关图纸和资料，结合现场设备、主管路、电缆等敷设的实际情况，进行小口径管道现场电脑二次布置设计，使小口径管道安装布置合理、整齐、美观。在规范、设计允许的情况下能集中布置的小口径管道一定要集中布置，阀门布置应便于操作和检修。

（2）热力管道没有充分考虑管道受热膨胀、保温及检修空间的控制措施：

1）对热管道应充分考虑管道受热膨胀，并留足保温及检修空间。

2）不得影响设备的操作与检修。

（3）小口径管道支吊架安装不符合要求，不便于查找、更换、维修的控制措施：支吊架设计、安装合理，不得影响机组的安全正常运行；为方便查找、操作和更换维护，区域内整排布置的管道应尽量采用联合支架或吊架，必要时采用防振支架或导向支架，所有支架安装应符合规范要求；安装阀门时（疏水器等）必须安装在便于操作的位置，严禁装入死角。

四、工艺质量通病防治措施

1. 常见的质量通病

（1）小口径管道、阀门布置不合理，不便于操作和检修。

（2）热力管道没有充分考虑管道受热膨胀、保温及检修空间。

（3）小口径管道支吊架安装不符合要求，不便于查找、更换、维修。

（4）穿墙、穿楼层的管道穿墙和穿地面的部位没有加装套管，穿墙套管安装不符合要求。

2. 质量控制措施

（1）阀门及管子规格较多，在安装中很容易形成错接、错用，因此，在设备清点、编号时必须按图认真仔细地区别，然后按要求进行标识，标识应规范、清晰、明显、永久。

（2）每道工序应经相关人员的验收确认，不得越点施工，盲目施工。

（3）发现的设备缺陷及施工中损坏的设备应及时上报，不得隐瞒。

（4）测量工具应有检测合格证，精度满足安装要求并在有效使用期内。

（5）如管子须切割应用机械切割，不可用火焊直接切割，非经技术人员许可不得任意在设备上动用电焊、火焊。在受热面上动火焊时，由专业火焊工进行。

（6）管子在坡口、通球后管口应及时封闭，吊装前仔细检查管口封闭情况，未封闭管必须重新通球。管子吊装到位后再次检查，直到管口对口时方可去除封闭管盖。

（7）所有管道安装前应作清洁度检查。

（8）对口前应用坡口机和角向磨光机打磨坡口，并在距坡口30mm 处的内外壁磨出金属光泽。

（9）管子对口错口值不大于 10%壁厚，且小于 1mm。对口偏折度不大于 2/200mm。

（10）垂直管垂直度偏差不大于 2‰，且不大于 15mm。水平管弯曲度不大于 1%，且不大于 20mm。

（11）起吊时焊接的临时吊耳，要在管子安装后割除，割除时应留 10mm 余量，然后用磨光机磨平，涂上油漆。

（12）阀门安装要有膨胀方向和间隙，严格按照作业指导书和图纸施工，确保阀门热态处于正常工作状态。

五、质量工艺示范图片

管道布置、小管道电动阀门布置、疏水管安装成品、成排的管道支吊架布置、集中布置阀门错落有致、对称布置示范图片分别见图 1-11～图 1-16。

图 1-11　管道布置　　　　图 1-12　小管道电动阀门布置

图 1-13 疏水管安装成品

图 1-14 成排的管道支吊架布置

图 1-15 集中布置阀门错落有致

图 1-16 对称布置

第四节 炉顶密封安装

一、相关强制性条文

《电力建设施工技术规范 第 2 部分：锅炉机组》（DL 5190.2—2012）

> 4.5.1 水封槽体应安装平整，插板与设备应连接牢固，所

有焊缝应严密不漏。插板在热态下能自由膨胀。水封槽在安装结束后密封前应做好膨胀间隙记录,并将槽内清扫干净。

　　4.5.2　波形伸缩节的焊缝应严密,波纹节应完好,安装时的冷拉值或压缩值应符合图纸要求,并做好记录;其内部保护铁板的焊缝应在介质进向一侧。

　　4.5.5　焊接在受热面上的密封件应在受热面水压试验前安装和焊接完毕,焊缝应经严密性检查不渗漏。

二、施工工艺流程

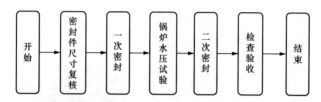

三、工艺质量控制措施

1. 密封件尺寸复核

施工前安装、焊接、保温等专业的技术人员必须熟悉施工图,详细编制施工措施作业指导书,确定施工顺序和关键部位的施工细节,并按规定对施工人员进行详细的技术交底。所有密封零部件(包括构架、密封板、密封塞块、梳型板、折板、膨胀节等)的安装位置、结构尺寸应符合设计图纸要求。

2. 一次密封

在水压试验前,应对照密封图纸的要求,将焊接在受热面上的密封铁板全部安装和焊接完毕,焊缝应经严密性检查不渗漏,确有部分部位必须在水压试验后才能安装和焊接的,应有可靠的技术措施和检验措施。

3. 二次密封

低温过热器管屏穿顶棚管密封安装、低温再热器管屏穿顶棚管密封安装示范图片分别见图1-17、图1-18。

图 1-17　低温过热器管屏穿顶棚管　　图 1-18　低温再热器管屏穿顶棚管
　　　　　密封安装　　　　　　　　　　　　　　密封安装

（1）在封槽安装完成后，开始填充密封介质之前，应做好热膨胀间隙记录，保证槽内干净，无遗留任何杂物。

（2）密封槽体的底板、立板（插板）的水平度和平整度应保证不大于 5mm，主要采用玻璃水平管等测量工具测量观察，在误差明显位置拉线，用钢板尺检测。

（3）管屏密封槽体应安装平整，与管屏连接处应焊接牢固，保证严密性。槽插板必须有足够的热膨胀量，安装部件的外观必须保持干净，无熔渣及飞溅物，气割表面修磨平整，临时加固件等切除。

（4）波形伸缩节的焊缝应严密，波节完好，安装时的冷拉值与压缩值应符合图纸要求，做好相应的记录。其内部保护铁板的焊缝应在介质进向一侧。

（5）砂封槽应采用干燥、无有机物、无泥土等杂物的砂粒，砂粒一般为 1.5~2mm，且粒度均匀。铺砂应铺至表面均匀，四周高度一致。

（6）密封焊接时应将待焊工件垫置牢固，以防止在焊接过程中产生变形和附加应力。密封安装点焊后应检查各个焊点质量，如有缺陷应立即清除，重新进行点焊，点焊长度不少于 10mm，厚度不小于 3mm。

高温过热器管屏穿顶棚管密封、高温再热器管屏穿顶棚管密封示范图片分别见图 1-19、图 1-20。

图 1-19　高温过热器管
屏穿顶棚管密封

图 1-20　高温再热器管屏
穿顶棚管密封

（7）为了保证气密性，所有密封组件以全部焊接密封为原则，为保证锅炉密封性能，安装时必须精心施焊，不允许存在漏烟的缝隙，焊后检查若有未密封处，用设计指定钢板就地切割密封。

（8）施焊中，应特别注意接头和收弧质量，收弧时应将熔池填满。多层多道焊焊接接头应错开。不锈钢的焊接要严格控制层间温度，一般在 250℃以下。注意检查点焊处是否有裂纹，如有应打磨掉重新焊接。密封焊接完成后，应仔细检查焊缝外观，清理飞溅和其他杂物。

（9）地面组合的管屏密封均在地面焊接。穿墙处的密封安装应注意按图施工，保证密封质量，特别是交界位置。特别注意合金钢材料相应焊条的选用。

四、工艺质量通病防治措施

（1）顶棚一次密封及二次密封质量通病如下：

1）漏焊造成漏灰。

2）错焊造成锅炉运行过程中热膨胀撕裂金属保温件。

3）浇注料裂纹。

4）焊接不良造成漏烟。

5）保温密封不严。

6）炉顶密封质量检验粗糙。

（2）安装控制措施：

1）施工前，由厂家到现场进行技术交底工作，施工人员明确施工工序，施工原则，知道锅炉顶部热膨胀趋势和位移数量，做到心里有数，避免由于热膨胀问题导致金属撕裂现象。密封的工件经清点、编号并检验合格后方可安装到位，密封件焊缝处侧的油污，铁锈等杂质清理干净方可焊接。对有螺栓紧固的密封件必须按要求加装硅酸铝毡，硅酸铝毡加装要连续无间断，确保密封性。

2）施工过程中设置四个停工待检点：密封件施工前、一次密封后、耐火材料施工后、密封护板安装后。各施工节点均应检查合格并经签证后方可进行下道工序。炉顶密封施工期间，现场应有可靠的防雨措施。

3）密封件搭接部位间隙要严密，公差在规范要求之内。锅炉受热面安装质量要符合图纸要求及验收规范要求，以利于密封件就位，密封件搭接间隙要严密和压紧，消除夹渣和气孔，密封件的安装严禁强力对接，管排之间的公差应符合标准。

4）密封焊接前必须清除所有的油污及铁锈方可施焊，炉顶密封施工期间，现场应有可靠的防雨措施。密封焊接每完成一道焊缝，均应将焊渣清除干净，并检查焊缝质量，发现裂纹等缺陷应处理合格后方可继续施焊，不准许用焊条、圆钢代替密封板。

5）严格按设计图纸要求位置、厚度焊接。焊接应采取适当措施、顺序施焊，防止铁件产生焊接应力变形；承重承压部位的焊接应安排较高技术水平的焊工施焊，焊后要详细检查，不能发生咬边、夹渣、气孔等缺陷；焊缝间隙符合焊接工艺要求，填塞材料材质应与设计相同，焊接工作结束后，焊接质检员应进行详细的检查，防止发生漏焊和错焊。

（3）焊接关键点：

1）密封板偏薄，不易焊接，因而对焊工资质要求高。困难位置，要求焊工责任到位，质检人员监督到位；顶棚管穿过屏式过热器、高温过热器、高温再热器管排部位，需安装梳形板，需装疏形板的部位按图纸要求，疏形板与管子不焊，需要在地面安装的密封件在地面按尺寸安装好，避免以后在炉上无法安装或安装困难。

2）前后炉膛一次密封刚性梁抱角部位最易漏焊，质检人员需加强对刚性梁部位模式壁片与片之间密封焊接和冷灰斗处前后水冷壁与侧水冷壁密封焊接监督力度。

五、质量工艺示范图片

前墙水冷壁管屏密封安装、侧墙水冷壁二次密封安装、低温再热器管屏穿顶棚管密封安装示范图片分别见图1-21～图1-23。

图1-21 前墙水冷壁管屏密封安装 图1-22 侧墙水冷壁二次密封安装

图 1-23 低温再热器管屏穿顶棚管密封安装

第五节 锅炉梯子、栏杆和格栅平台安装

一、相关强制性条文

1.《火力发电厂设计技术规程》（DL 5000—2000）

19.4.3 平台、走台（步道）、升降口、吊装孔、闸门井和坑池边等有坠落危险处，应设栏杆或盖板，需等高检查和维修设备处，应设钢平台和扶梯，其上下扶梯不宜采用直爬梯。

2.《电力建设施工技术规范 第 8 部分：加工配制》（DL 5190.8—2012）

7.3.1 平台、钢梯、栏杆的刚度和强度应符合设计要求，焊缝应满焊。构件及其连接部位表面应光滑，无锐边、尖角、毛刺及其他可能对人身造成伤害或妨碍通行的缺陷。

7.3.9 栏杆制作应符合下列规定：

1 栏杆立柱、横杆宜采用机械切割，并清除毛刺。

2 拐角处或端部均应设置立柱，或与建筑物牢固连接。

3 栏杆拐角处应呈圆弧形，与构件相连应圆滑过渡。

4 栏杆扶手焊缝应打磨光滑。

二、施工工艺流程

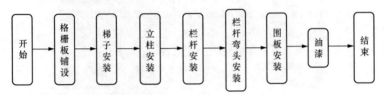

开始 → 格栅板铺设 → 梯子安装 → 立柱安装 → 栏杆安装 → 栏杆弯头安装 → 围板安装 → 油漆 → 结束

三、工艺质量控制措施

1. 钢格板尺寸复核

（1）格栅板全部由设备厂家订货半成品，现场安装。

（2）格栅板支垫处的平面，应垂直平整，其误差为±0.5mm内。

（3）格栅板安装前应进行平整，保证和支垫处平面一致，不致产生支垫不严。

（4）格栅板在现场拼接中，应保持全部格栅处在同一直线上，其弯曲度应在 1‰的范围内。同一区域，格栅板铺设方向应一致。

（5）对因与柱梁结构相碰而需要切割的部位，在切割部分网格后应按图纸要求进行补强。

格栅板的现场拼接（一）示范图片见图 1-24。

（6）格栅板放置应平稳无翘曲，焊接或卡固牢固。采用点焊固定方式时，焊点位置应尽量选在便于焊接、清理、油漆的地方。

格栅板的现场拼接（二）示范图片见图 1-25。

图 1-24　格栅板的现场拼接（一）　　图 1-25　格栅板的现场拼接（二）

2. 梯子安装

（1）对于用螺栓连接的梯子应保证梯子安装的强度。

（2）楼梯踏板安装应均匀平整。

均匀平整的楼梯踏板示范图片见图 1-26。

3. 立柱安装

（1）栏杆柱子垂直偏差不大于 3mm，栏杆柱距：间距均匀、符合设计。

（2）立柱安装时先将根部点焊，用铁水平找垂直后再焊牢。同一直线上的立柱应先安装两端的两根，然后在这两根立柱之间拉一细线或钢丝，作为其他立柱的基准，以保证所有立柱在同一直线上。

间距均匀的栏杆立柱示范图片见图 1-27。

图 1-26 均匀平整的楼梯踏板   图 1-27 间距均匀的栏杆立柱

（3）所有立柱之间的距离应尽量做到一致。

（4）梯子两侧立柱应在对称的位置上安装。

相同斜度的梯子和栏杆示范图片见图 1-28。

4. 栏杆安装

（1）栏杆的安装在立柱安装找正后进行。栏杆的安装应用拉线法结合使用铁水平，以保证栏杆的直线度和水平度。

（2）相同斜度的梯子上的栏杆斜度应一致。

（3）栏杆拼接采用机械加工，不允许使用火焰切割。加工尺寸准确，安装位置统一美观。

栏杆的连接示范图片见图 1-29。

图 1-28　相同斜度的梯子和栏杆　　　　图 1-29　栏杆的连接

（4）栏杆对接时应避免错口、折口，因焊接变形而产生的折口应及时校正，校正时注意不要将栏杆管弄弯、弄扁。

（5）栏杆对接时应留出约 3mm 的对口间隙（有衬管时）或打磨坡口（无衬管时），以确保焊接强度。

（6）扶手、栏杆接头连接焊缝需打磨光滑。

（7）所有栏杆与柱子相邻部位的结构形式及尺寸应一致，不同标高的栏杆扶手连接应连贯，形式应相同。

（8）栏杆至钢柱处不允许焊接，应起弯。

不同标高的栏杆扶手的连接示范图片见图 1-30。

5. 栏杆弯头安装

（1）栏杆弯头的制作应尽量采用机加工，以保证弯头角度正确一致。

（2）栏杆弯头安装时应采用拉线法或用铁水平以保证其角度、方向正确，不产生偏斜。

栏杆弯头的制作示范图片见图 1-31。

6. 踢脚板安装

（1）踢脚板安装应在立柱、栏杆、钢盘安装完毕后进行。

图 1-30　不同标高的栏杆扶手的连接

图 1-31　栏杆弯头的制作

（2）每一条踢脚板安装时都应从一端或中间开始，以避免从两端开始到中间而产生的"鼓肚"现象。

（3）踢脚板拐角应煨制，禁止焊制拐角。

（4）踢脚板对接处和踢脚板与钢结构连接处焊接应牢固，外观工艺美观。

（5）每层踢脚板端头倒角应一致。

钢梁处踢脚板工艺示范图片见图 1-32。

7. 栅格板上管道开孔工艺

图 1-32　钢梁处踢脚板工艺

（1）开孔形式：栅格板上的开孔形式分两种，即圆形开孔和方形（椭圆）开孔。对于排管原则上采用方形（椭圆）开孔，对于单管可统一为圆形或方形开孔。

（2）参数测量：

1）在施工中，实际参数测量（图纸数据）直接影响到格栅板安装尺寸是否准确。

2）要求格栅板开孔的基准点和管道安装的基准点一致，测量管道的实际外径偏差±10mm。

（3）画线：根据基准点、图纸尺寸画出开孔的具体位置，在画线过程中要考虑到管子热膨胀、保温裕量。

（4）开孔：格栅板表面一般为镀锌，根据画线位置用切割机切割格栅板，不可用火焊切割，而且尽量使施工面平整、光洁，易于下一步的施工；当开孔统一为圆形（或方形）时，其半径（或边长/2）按下列标准执行：

1）管道直径$\phi<50mm$，格栅板开孔半径$R=\phi/2+\delta_1+\delta_2+30$。

注：ϕ为管子外径，mm；δ_1为保温厚度，mm；δ_2为管子热位移量，mm。

2）管道直径$219>\phi\geq50mm$，格栅板开孔半径$R=\phi/2+\delta_1+\delta_2+50$。

3）管道直径$\phi\geq219mm$，格栅板开孔半径$R=\phi/2+\delta_1+\delta_2+65$。

（5）开孔后处理：切割后的格栅板内环焊扁钢，加固格栅板，保证其强度，保持整体工艺美观。格栅板开孔边缘的扁钢高度应统一一致，且下部与格栅板下部平齐。

8. 油漆

（1）油漆使用正规厂家产品，存放期不得超过有效期。

（2）油漆工艺当设计无要求时宜使用三层作业的工作方法，第一遍底漆，第二遍面漆，第三遍上光漆。

（3）已完工的油漆，在养护期间不得碰撞。

（4）同结构油漆应使用同一批，保证颜色一致。

（5）油漆均匀，色泽一致，无流痕、皱纹、气泡、脱落、污染、返锈等。

四、工艺质量通病防治措施

（1）平台、梯子、栏杆的油漆施工须在其他安装工作尤其是正上方安装工作全部结束后方可进行，以保证油漆光亮美观，不被污染。油漆存放不得超过有效期。宜采用喷涂工艺，刷制时应涂刷均匀。金属结构表面除锈应彻底；油漆应采用两底两面工艺：两遍防锈底漆，两遍面漆。已完工的油漆，在养护期中不得碰撞。严禁为了加速干燥随意添加稀释剂或干燥剂。

（2）格栅板安装前应对支垫处（即格栅板的承力面）的水平面、端立面的平直度、上口平齐度和立面高度进行验收：支垫处平整度误差应不大于 1mm（2m 靠尺检验，不足 2m 拉通线检验），端立面的平直度和上口平齐度应不大于 2mm（拉 5m 通线，不足 5m 拉通线检验），立面高度误差应不大于 0.5mm。不符合要求的应修整。现场加工的格栅板应在现场加工厂统一下料加工，加工平台平整度不大于 0.5mm，其外框和格栅应在平整状态的基础上点焊，切割的格栅头加焊边框，焊接时应采取措施确保隔栅板不发生焊接变形，误差控制在 0.5mm 之内。大面积格栅板在现场拼接中，应保持全部格栅花格处在同一直线上，其弯曲度应在 1‰ 的范围内，刚度应符合要求。隔栅板与土建平台连接时，应在接缝处加设角钢边框（土建施工时应提前提出要求并配合施工）。

（3）梯子、平台在运输吊装过程中要防止变形。安装前必须保证平整，否则必须校正处理后方可安装。施工制作平台应平整，施工切割加工尽可能使用机械切割，毛料应打磨光洁。

（4）平台栅格板、梯子踏板必须平整完好，安装应牢固可靠、标高准确。平板接头必须平整，花纹钢板或栅格板花纹花格拼接要对应整齐、切割应打磨平整后才能焊接。防止行走时出现弹翘不平稳现象。

（5）安装工程范围内的平台与栏杆，除锅炉本体由厂家供货之外，梯子踏板间距应保证均匀且符合规范要求，扶梯的最上层踏板应与同层平台栅格板平齐。栏杆一般用水煤气管焊接而成，所有爬梯、简易平台均应布置合理，避开通道。

（6）栏杆立柱安装应保证垂直、间距均匀、布置均匀，其角度应使用 L=500mm 方尺四面归方后才能焊接；顶部扶手标高要符合《电力建设安全工作规程（火力发电厂部分）》（DL 5009.1—2002）要求，踢脚板安装牢固；扶手弯头部位应平滑、美观；交叉管材接口应放样切割马蹄口后才能焊接；竖向栏杆下部应尽可能配制扣碗底座；焊接宜采用氩弧焊工艺，确保焊缝饱满、光滑、平整，焊完后采用砂轮和砂布对焊缝进行打磨，确保其美观平滑。

（7）消除踏步不均匀的措施：踏步板宜采用专业厂家制造的格栅镀锌踏步，现场加工必须使用专用工具压制；踏步焊接前应在侧梁上划样，并使用专门量板丈量固定；点焊完所有踏步经校验合格后才能焊接，焊接时应跳焊，消除温度应力。

（8）大 1mm 的圆孔（PVC 管内径要比对拉螺栓大 2～3mm，PVC 管强度要高些），对拉螺栓从 PVC 管穿过，PVC 管与模板接触部位用密封条粘牢。

五、质量工艺示范图片

栏杆弯头的制作效果、多层楼梯效果、单管在格栅板上开方形孔、吹灰器母管穿格栅板、排管在格栅板上开椭圆形孔、磨煤机出口管道穿越混凝土底板示范图片分别见图 1-33～图 1-38。

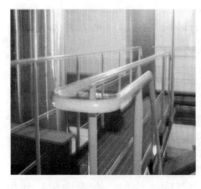 

图 1-33　栏杆弯头的制作效果　　　　图 1-34　多层楼梯效果

图 1-35　单管在格栅板上开方形孔　　　图 1-36　吹灰器母管穿格栅板

图 1-37　排管在格栅板上开椭圆形孔　　图 1-38　磨煤机出口管道穿越
　　　　　　　　　　　　　　　　　　　　　　　混凝土底板

第六节　锅炉防腐保温安装及成品保护

一、相关强制性条文

《电力建设施工技术规范　第 2 部分：锅炉机组》（DL
5190.2—2012）

12.5.1　保温施工前，应将施工部位上的油污、灰尘及杂物
彻底清除干净。管道穿过平台、墙体处等影响膨胀的部位均应
留出足够的间隙。

12.7.1　设备、管道及金属结构的油漆、防腐应在该部分安
装工作结束后进行。

12.7.4　油漆、防腐施工应在环境相对湿度低于 85%、环境温度处于 5～30℃范围且金属表面温度高于露点温度下进行。

12.7.8　地埋钢管的防腐层应在安装前做好，焊缝部位未经检验合格不得防腐，在运输和安装时应防止损坏防腐层，被损坏的防腐层应予以修补。

二、施工工艺流程

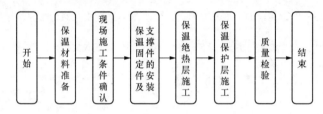

三、工艺质量控制措施

1. 保温材料准备

（1）施工中所需的各种保温材料已到达现场，材料分类码放做好标识。

（2）保温材料的出厂检验报告和合格证齐全，保温材料的现场抽检报告符合设计规定。

（3）用于保温的绝热材料及其制品，其容重不得大于 400kg/m³；用于保温的硬质绝热制品，其抗压强度不得小于 0.4MPa。

2. 现场施工条件确认

（1）进行保温的设备的水压试验及防腐施工已完成。

（2）设备的结构附件、仪表接管等部件均已安装完毕。

（3）设备所在的现场周边具备保温成品保护所要求的环境条件。

3. 保温固定件及支撑件安装

（1）保温层的钩钉、销钉，可采用 $\phi 3 \sim \phi 6$ 的镀锌铁丝或低碳圆钢制作，直接焊接在碳钢制设备或管道上，其间距应为

300mm 左右，每平方米面积上的钩钉数不少于 10 个。焊接钩钉时，应先用粉线在设备或管道上划出每个钩钉的位置，保证横平竖直。

　　设备立面保温钉及支撑件、钩钉（保温针）的形式、钩钉的布置、设备异形部位保温钉及支撑件示范图片分别见图 1-39～图 1-42。

图 1-39　设备立面保温钉及支撑件

　　（2）支撑件的材质，应根据设备材质确定，宜采用碳钢型材制作。支撑件不得设在有附件的位置上，环向应水平设置，各托架筋板之间安装误差不应大于 10mm。

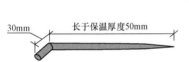

图 1-40　钩钉（保温针）的形式

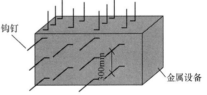

图 1-41　钩钉的布置图

图 1-42　设备异形部位保温钉及支撑件

　　圆管道支撑件形式、方形设备或管道支撑件形式分别见图 1-43、图 1-44。

　　（3）设备上不允许直接焊接时，可采用抱箍型支撑件。支撑件的宽度应小于绝热层的厚度 10mm，但最小不得小于 20mm。支撑环的间距一般为 1.5m 左右，当采用金属保护层时其环向接缝与支撑环的位置应一致。

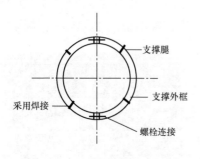

图 1-43　圆管道支撑件形式　　图 1-44　方形设备或管道支撑件形式

（4）直接焊于不锈钢设备上的固定件，必须采用不锈钢制作。当固定件采用碳钢制作时，应加焊不锈钢垫板。

（5）当介质温度大于 200℃时，抱箍式固定件与设备之间应设置隔垫。

4. 绝热层施工

（1）一般规定：

1）当采用一种绝热制品时，保温层厚度大于 100mm，绝热层厚度大于 80mm 时，应分层施工，各层的厚度应接近；当采用两种或多种绝热材料复合结构的绝热层时，每种材料的厚度必须符合设计文件的规定。

2）主保温的铺设应紧密地铺设在设备表面上，做到同层错缝，上下层压缝，同层保温材料之间的缝隙不应大于 5mm。

3）方形设备的四角的绝热层铺设时，其四角角缝应做成迷宫式搭接，不得形成垂直通缝。

4）干拼缝应采用性能相近的矿物棉填塞，填缝前，必须清除缝内杂物；湿砌带浆缝应采用相同砌休材质的灰浆拼砌。

5）设备的观察孔、检测点、维修处的保温，必须采用可拆卸式结构。

6）立式设备，应在支承环下面留设伸缩缝；卧式设备的筒体上距封头连接，均应留设一道伸缩缝。

7）施工后的绝热层，不得覆盖设备铭牌，可将铭牌周围的绝热层切割成喇叭形开口，开口处应密封平整光洁。

设备顶部保温层敷设工艺示范图片见图1-45。

（2）绑扎法施工：

1）绝热层应从托架或支撑件开始，自下而上拼砌，并用镀锌铁丝网状捆扎，铁丝生根在设备表面预焊的钩钉或销钉上，绑扎后的镀锌铁丝头应嵌入保温层内。

2）不允许穿孔的硬质绝热制品，钩钉位置应布置在制品的拼缝处；允许穿孔的硬质绝热制品，应钻孔穿挂，其孔缝采用矿物棉填塞。

设备立面保温层敷设工艺示范图片见图1-46。

图1-45 设备顶部保温层敷设工艺　　图1-46 设备立面保温层敷设工艺

3）半硬质绝热制品的绝热层，宜穿挂或嵌装于销钉上，并用自锁压板固定，各层保温材料平均每块有一定数量的销钉直接穿透，形成连挂整体，自锁压板必须紧锁于销钉上，并将绝热层下压4～5mm，销钉露出压板的部分应弯倒90°。

设备主保温最外层铁丝网及自锁压板紧固示范图片见图1-47。

图1-47 设备主保温最外层
铁丝网及自锁压板紧固

4）双层或多层的绝热层绝热制品，应逐层捆扎，并应对各层表面进行找平和严缝处理。

5）设备封头绝热层的施工，应将绝热制品板材按封头尺寸加工成扇形块，并应错缝铺设。绑扎材料一端系于活动环上，另一端应系在切点位置的固定环或托架上，绑扎成辐射型扎紧条。必要时可在扎紧条间扎上环状拉条，环状拉条与扎紧条呈十字拧结扎紧。当封头绝热层为多层时，应分层扎紧。

（3）粘贴法施工：

1）黏合剂应符合使用温度的要求，并应和绝热层材料相匹配。黏合剂在使用前，必须进行实地试粘。施工时黏合剂取用后，应及时盖严，并不得受冻。

2）采用层铺法施工，各层毡、板应逐层错缝、压缝粘贴，每层的厚度宜为 10～30mm。

3）面施工的绝热层，应采用固定螺栓、固定销钉和自锁压板、镀锌铁丝网等方法进行固定。

4）异形和弯曲的表面不宜采用半硬质绝热制品。

5）粘贴的层高，应根据黏合剂固化时间决定。毡、板可随粘贴随用卡具临时固定，黏合剂干后一同拆除。

6）黏合剂的涂抹厚度，宜为 2.5～3mm。并应涂满、挤紧和粘牢。

（4）喷涂法施工：

1）热层采用喷涂法施工时，施工前，应按正式喷涂工艺及条件进行试喷。施工时，应在设备旁边另立一块试板，与设备喷涂层一起施工，试块可从试板上切取。

2）施工时，应根据伸缩缝的位置分区进行喷涂，并可利用伸缩缝处的分区挡板控制喷涂层的厚度。

3）喷涂时应自下而上，分层进行，大面积喷涂时可分段、分片进行，接茬处必须结合良好，喷涂层应均匀。

4）喷涂时，应待立喷或仰喷的上一层凝固后再喷下一层。

5）喷涂施工中回弹落地的喷涂料，不得回收利用。

6）水泥粘接的喷涂料施工结束后，应进行湿养护。

（5）主保温层网子安装：

1）设备主保温层的外部宜敷设镀锌铁丝网，以利主保温层的紧固。

2）两块网子应对接，按设计或规范要求等距连接。网子与销钉紧固牢靠，并保证紧贴在保温层上。

3）网子表面不应有铁丝断头露出，也不应有鼓包和空层等现象。伸缩缝处的铁丝网必须断开。

保温层网子安装局部、保温层网子安装工艺示范图片分别见图 1-48、图 1-49。

图 1-48 保温层网子安装局部

图 1-49 保温层网子安装工艺

5. 保护层施工

（1）金属保护层：

1）金属保护层的材料，宜采用镀锌薄钢板或铝合金板。当采用普通钢板时，其表面必须涂刷防锈涂料。采用平板金属保护层时，应在外护层的横纵接缝处压出凸筋。

2）设备的接缝和凸筋，应呈棋盘形错列布置。下料时，应按设备外形先行设计排版，并应综合考虑接缝形式、密封要求及膨胀收缩量，留出裕量。

3）方形设备的金属外壳的下料长度，不宜超过 1m。当超过时，应根据金属薄板的厚度和长度在金属薄板上压出对角筋线。

4）设备封头的金属护壳，应按封头绝热层的形状大小进行分瓣下料，并应在每一瓣的两边分别压出方向相反的凸筋（也可采用搭接和插接连接的方法）。

5）金属保护层应紧贴主保温层安装，不得产生空鼓现象。

6）金属保护层与支撑件的连接一般采用自攻螺钉（或抽芯铝铆钉）。自攻螺钉（或抽芯铝铆钉）间距，水平方向将放于瓦楞板凹槽处，间距为 300mm 左右；竖直间距为 300mm 左右，并且所有压型板均应可靠的固定在保温支撑件上。

图 1-50　设备铭牌处金属外护层工艺

7）金属保护层采用压型板安装时，压型板的安装一般为下端固定，上端活动，以利膨胀。

设备铭牌处金属外护层工艺示范图片见图 1-50。

（2）抹面保护层：

1）抹面保护层的材料容重不得大于 1000kg/m³，抗压强度不得小于 0.8MPa；烧失量不得大于 12%；干燥后不得产生裂纹、脱壳等现象。

2）抹面材料不得对金属产生腐蚀作用。

3）露天的绝热结构采用抹面保护层时，应在抹面层上包缠玻璃丝布类保护层，并在表面涂刷防水涂料。

4）保温抹面施工应采用两遍操作，一次成活的工艺，接茬应良好，并应消除外观缺陷。

5）大型设备抹面时，应在抹面保护层上留出纵横交错的伸缩缝，伸缩缝的位置与铁丝网和主保温层的伸缩缝相一致。伸缩缝的深度应为 5～8mm，宽度应为 8～12mm。

6. 质量检验

（1）一般规定：

1）绝热层工程的施工质量必须按验评规定进行检验，并由质量检查单位签证。

2）结合设计院、相关制造厂以及材料厂家等的设计和技术要求进行施工验收。

3）质量检验的取样布点位：设备每 50m² 应抽检三处，当工程量不足 50m² 时亦应抽检三处。其中有一处不合格时，应在不合格处附近加倍取点复查，仍有 1/2 不合格时，应认为该处不合格。

4）绝热结构的固定件、支撑件和金属保护层的材质、品种和规格符合设计规定。

5）对保温材料及其制品应检查材料的合格证和现场抽检的性能报告、规格和性能应符合《火力发电厂绝热材料》（DL/T 776—2012）中的相关规定。

（2）固定件及支撑件检验：

1）钩钉、销钉和支撑件的焊接应牢固，其布置的间距应符合设计要求。

2）自锁压板不得产生向外滑动的现象。检验方法：观察和捶击检查。

3）振动设备的螺栓连接应有防止松动的措施。

4）保温层的支撑件不得外露。

5）支撑件的安装必须考虑外护板的膨胀需求，留出外护板的膨胀量。

（3）绝热层的检验：

1）当采用一种绝热制品时，保温层厚度大于 100mm，绝热层厚度大于 80mm 时，应分层施工，各层的厚度应接近；当采用两种或多种绝热材料复合结构的绝热层时，每种材料的厚度必须符合设计文件的规定。

2）绝热层的固定应牢固，绑扎或粘贴可靠，无松动，铁丝头扳平并嵌入，每块绝热制品的绑扎物不得少于两道。

3）绝热层的厚度：必须符合设计规定，厚度偏差应符合表1-1中的规定。

表1-1　　　　　　　　　绝热层的厚度偏差

项　目		允许偏差（mm）
保温层	硬质制品	+10，−5
	半硬质及软质制品	+10%，−5%
	绝热层厚度不大于50mm	+5

图1-51　支撑处金属外护层工艺

支撑处金属外护层工艺示范图片见图1-51。

（4）保护层检验：

1）保护层的表面不平整度应小于5mm。

2）保护层不得有松脱、翻边、豁口、翘缝和明显的凹坑。

3）金属保护层的横向接缝应保持水平，横向和纵向接缝应互相垂直，并成整齐的直线。保护层接缝的方向应与设备的坡度方向一致，保证顺水搭接。

4）金属保护层的搭接尺寸，不得少于50mm，膨胀接缝处不得少于75mm；设备金属护壳的插接尺寸不得少于20mm。

5）抹面层保护层不得有酥松和冷态下的干缩裂纹（发丝裂纹除外）。表面应平整光洁，轮廓整齐，金属件不得外露。抹面层的断缝应与保温层及铁丝网的伸缩缝相对应。

四、工艺质量通病防治措施

保温及护面质量通病主要指保温层不实、抹面开裂、温度超标、外包铁皮变形、外观工艺差等问题。

保温材料的品种、规格、厚度、性能要符合设计要求并经检验合格，管道保温材料应注意与管径相符，严禁使用不合格材料；存放时要按不同品种、规格分类存放，注意防水、防潮、防晒，摆放高度不要超过 1.8m，标签朝外；施工时保护层未安装的保温材料应采取措施严禁风吹、雨淋、日晒。

保温工作开工前，必须经过技术交底。必要时，应选择一处保温的难点进行试安装做样板，经检验合格后，再开始正式施工。施工人员要严格按作业指导书进行施工。

保温层砌筑应保证内外层缝隙错开，块与块之间挤实。阀门、三通、弯头等位置保温料要填满、密封扎紧。施工时一层要错缝，二层要压缝，拼缝严密，缺角补齐，填充密实，绑扎牢固，铁丝网紧贴在主保温层上连接牢固，缝隙用相应的散状标准材料填满，膨胀缝要按规定留设合理，每层保温材料施工完要进行找平严缝处理。弯头的保温材料应放样板下料。

施工好的保护层要采取相应措施进行保护，无法除去污染物或碰撞变形的保护层要进行更换，合理安排施工且尽可能减少交叉作业。

外装板加工后要妥善保管，保持其整洁、平整，按顺序堆放，防止碰撞、错用；所有接口必须放在隐蔽处；高温、高压管道的弯头宜采用片弯，其余管道弯头采用放样弯，所有弯头的背面必须布置连接片，以防止外装片胀开、脱落；固定钉的间距均匀、美观、平行管道的接口要保持在同一水平线上。

垂直高度大于 3m 的管道保温时中间应加焊承力托架。炉墙、管道、烟风道等保温施工必须按设计留够膨胀间隙。保温层绑扎必须牢固且应保证不能在管壁上滑移。

保温抹灰灰浆应严格按配合比要求配制，施工按照作业指导书规定的工艺操作；保温抹灰应做到横平竖直，浑圆光滑，转角弯头过渡自然。抹灰后应进行足够的养护，防止暴晒和雨淋；膨胀缝处铁丝网要拆开，施工时要有防雨应急措施，铁丝网要贴保温层，连接牢固。

五、质量工艺示范图片

锅炉烟风道保温工艺，锅炉电除尘彩钢板保温工艺，设备边、角彩钢板保温工艺，设备边、角钢板保温工艺（一），设备边、角钢板保温工艺（二）示范图片分别见图1-52～图1-56。

图1-52 锅炉烟风道保温工艺

图1-53 锅炉电除尘彩钢板
保温工艺

图1-54 设备边、角彩钢板
保温工艺

图1-55 设备边、角钢板
保温工艺（一）

图1-56 设备边、角钢板
保温工艺（二）

第七节 金属表面油漆

一、相关强制性条文

1.《电力建设施工技术规范 第 2 部分：锅炉机组》（DL 5190.2—2012）

12.7.2 设备、管道和金属面漆的颜色及色标的涂刷应符合设计要求，设计无要求时，可按本部分附录 Q 执行。

12.7.5 金属表面油漆施工前应符合下列要求：

1 油漆施工前应将金属表面的铁锈、油污、灰尘及其他杂物彻底清除干净，除锈等级应符合设计要求。

2 底层油漆涂刷施工应在金属表面除锈合格、出现返锈前及时进行。

3 油漆涂层表面的颜色应均匀一致，不得有透底、斑迹、脱落、皱纹、流痕、浮膜、漆粒等明显痕迹。

12.7.6 油漆喷涂前如使用泥子找平，应保证泥子干透后，方可进行喷涂施工。

2.《火力发电厂保温油漆设计规程》（DL/T 5072—2007）

引用 DL/T 5072—2007 中全部条款。

二、施工工艺流程

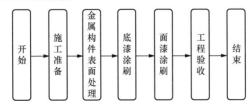

三、工艺质量控制措施

1. 施工准备

（1）设备、场地准备：

1）喷砂设备、空压机、喷漆设备、电动砂轮机、高压水枪、电动钢刷、油漆刷等齐备。

2）喷砂场地选择妥当，并做好防止粉尘污染的工作。

（2）材料准备：

1）按照施工作业指导书指定的型号、颜色及调配的涂料和辅助材料使用，严禁施工人员使用超过质量保质期的涂料及辅助材料。

2）涂料调配过程中要不断搅拌沉淀物。催干剂、稀释剂、固化剂等辅助材料加入数量应严格按照施工作业指导书及产品使用说明书中有关规定使用。

3）调配的涂料应黏度适中，颜色符合标准样板及色差范围，色泽均匀一致。

2. 金属构件表面处理

（1）表面除污处理：

1）清除设备表面的油垢、油脂、油泥、灰尘及其他物质形成的玷污。

2）被漆物表面应洁白干净，无油点、污迹、麻点及灰尘。

（2）表面除锈处理：

1）清除被漆物表面的锈蚀、颗粒、毛刺、焊渣及起泡旧漆膜，并进行打磨清理。

2）被漆物金属表面应光洁平整，无锈块、锈斑、氧化物颗粒及点蚀，应露出金属光泽。

3）现场焊接处，将表面经过必要的处理，使之光洁平整，无焊渣、锈蚀等污物。

4）遇雨天不得进行室外喷砂作业，经喷砂后的金属结构表面必须当天涂刷底漆。

3. 底漆涂刷

（1）底漆涂刷工艺：

1）施工环境条件：雨天、雾天、大风砂或空气湿度大于85%的气候下，不能进行油漆施工。

2）采用开、横、斜、理等基本操作方法；开漆距离不宜过宽，以免漆膜过薄；涂刷用力要均匀，以免刷痕明显或透底；须特别留意一些隙缝、棱角及边缘，以免漏刷；涂刷完间隔 5～10min 后须用漆刷（不蘸漆）再轻涂一次，以免产生流痕，达到光滑平整的涂刷效果，使用滚筒施工可在滚筒上套上丝袜，这样蘸漆后，油漆不容易洒滴，且漆面光滑无污物。

3）漆层复涂前，必须确认前道漆膜是否已完全干透；若前道漆膜干燥后间隔时间超过24h，则下道漆涂刷前均需重新打磨。

4）工艺标准：涂刷均匀，覆盖严密，无透底及漏刷；每道面漆干膜厚度要求为 30μm；层间结合严密、黏附良好，无分层、起毛、龟裂。

（2）表面嵌补处理：

1）如设备表面喷漆，则在防锈漆涂刷完及干燥后，需要嵌补设备表面的凹陷、裂缝，孔眼及破损缺陷，并进行全面批刮处理。

2）根据技术要求。

已刷完底漆的钢结构、已（涂）刷完面漆的钢结构示范图片分别见图 1-57、图 1-58。

图 1-57 已刷完底漆的钢结构

图 1-58 已（涂）刷完面漆的钢结构

（3）喷涂面漆：

1）采用纵横交替法和纵行双重喷涂法等操作方法，可提高漆膜的厚度。

2）喷涂时要适当地控制空气压力、喷嘴的口径、漆料的黏度、喷嘴与喷面间的距离及喷嘴的移动速度。

3）喷料黏度要适中，黏度过低会使喷层薄、喷涂道数多而延长施工周期。

4）喷嘴与喷面间的距离，以不产生大量的漆雾，又能喷覆最大的面积为宜。距离过远，会造成漆膜表面粗糙无光；距离过近，会产生流挂等毛病。

5）喷枪的喷嘴头与喷面应保持垂直距离，上下或左右平均移动速度不宜过快或过慢，以免漏喷及流挂。

图1-59　已喷涂完面漆的钢结构

6）工艺标准：漆膜光滑平整、润滑，色泽及厚度均匀一致，光泽度高，丰满度好，无皱纹、泡、流挂、针孔及漏喷。

已喷涂完面漆的钢结构示范图片见图1-59。

4. 保养工艺

（1）漆膜表面干燥前，大风雨及浓雾天气要覆盖防雨、防砂及防雾塑料薄膜，以免造成漆膜分层、起毛、沾污及成蜂窝状。

（2）严禁所有施工人员在完成的漆面上乱涂乱划，将粘在手或手套上的油脂乱抹乱擦，以免降低漆膜黏附力及影响漆面外观。

（3）在完成的漆面上，所有施工人员应尽量减少施工中人为的损伤、破坏及油污。

四、工艺质量通病防治措施

（1）施工前应严格进行原材料检验，油漆应使用正规厂家产品并符合国家相关规定标准和设计要求，出厂合格证齐全。底漆、面漆要尽量选用同一厂家产品，且存放期不得超过 60 天。施工使用的油漆颜色及性能应符合设计要求或业主的规定。

（2）油漆施工宜首选喷涂工艺，喷涂前，应将油漆充分搅拌均匀，严禁随意添加稀料，黏度要适中；采用刷涂方式时每层涂刷不可太厚，防止起皱、流淌、色泽不一，漆刷蘸漆应少蘸勤蘸，按先上后下，先难后易，先里后外，先横后竖的顺序施工。

（3）需调配颜色的油漆应先试配样板，经业主、监理检验同意后严格按规定的配比进行配制并搅拌均匀，同一设备或系统使用的油漆必须一次配制而成，防止设备颜色出现偏差。

（4）油漆防腐工作前，所有安装、焊接工作必须全部结束，构件上的临时吊耳割除完，焊接药皮清理完，焊疤、飞溅物打磨干净。施工时应将设备或构件表面的泥土、油污、灰尘和锈蚀层清理干净，表面采用喷砂或其他方式彻底除锈，露出金属光泽，经验收合格后随即涂刷防锈底漆,特别强调底漆涂刷应均匀一致，不得漏刷；底漆干燥后按要求涂刷面漆。每一道工序施工完均应经质检人员验收合格后，方可进行下一道工序。涂层应分层检测厚度和刷涂质量，检测结果要符合图纸或设备文件要求，不得有明显刷痕、流坠、起皱、漏刷和漆膜脱落现象。

（5）油漆施工时，应合理安排油漆的开工时间及其施工顺序，减少交叉作业和防止重复污染。已完工的油漆，在养生期中不得碰撞，漆膜未彻底干透前，作业面上方及附近应禁止从事其他带有粉尘的工作，防止污染。多颜色面漆必须交叉作业或者相邻作业时，要设置隔离层。对于作业区下方及周围已完工的设备、管道、仪表、地面等，开工前均应设置可靠的保护措施，防止二次污染。在采用喷涂工艺施工时，作业区必须设置隔离间，防止污染物空气并注意防火。

（6）汽轮机化妆板、发电机静子、电气配电盘柜等重要设备喷涂油漆前,缺陷处必须刮抹2～3遍腻子,干透后通体打磨光滑,然后进行喷漆。

（7）露天进行油漆防腐作业时,应充分考虑天气情况,保证金属表面干燥,雨、雾、雪、霜、大风天气不露天施工,遇见晨露、霜雾、雨雪、大风和扬尘天气应立即停止露天油漆防腐作业。

（8）玻璃丝布粘贴、涂刷要均匀,玻璃丝布搭接不得少于30mm,表面平整,无皱皮,无脱落。

（9）玻璃安装底灰饱满,粘贴牢固,油灰边缘与裁口齐平,四角成八字形,表面光滑,无裂纹、麻面、皱皮,钉子与卡子不露出油灰表面；玻璃表面洁净。

（10）为防止原材料、管道存放时腐蚀生锈,进厂后应先进行一次防腐。

五、质量工艺示范图片

三角形钢梁油漆、H形钢梁油漆、锅炉大板梁油漆、主厂房钢梁油漆、横梁支吊架油漆、炉顶屋架油漆、锅炉钢构高强螺栓油漆（一）、锅炉钢构高强螺栓油漆（二）、锅炉烟风道部件油漆、锅炉烟风道部件防腐油漆示范图片分别见图1-60～图1-69。

图1-60　三角形钢梁油漆　　　　图1-61　H形钢梁油漆

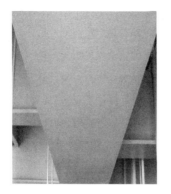

图 1-62　锅炉大板梁油漆

图 1-63　主厂房钢梁油漆

图 1-64　横梁支吊架油漆

图 1-65　炉顶屋架油漆

图 1-66　锅炉钢构高强螺栓
油漆（一）

图 1-67　锅炉钢构高强螺栓
油漆（二）

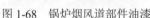
图1-68　锅炉烟风道部件油漆　　图1-69　锅炉烟风道部件防腐油漆

第八节　阀门保温

一、相关强制性条文

1.《电力建设施工技术规范 第3部分：汽轮发电机组》（DL 5190.3—2012）

> 1.2.9　施工使用的重要材料均应有合格证和材质证件，在查核中对其质量有怀疑时，应进行必要的检验鉴定。优质钢、合金钢、有色合金、高温高压焊接材料、润滑油（脂）、抗燃液和保温材料等的性能必须符合设计规定和国家标准，方准使用。

2.《火力发电厂高温高压蒸汽管道蠕变监督规程》（DL/T 441—2004）

> 3.5　蠕变测量截面的保护
>
> 3.5.1　蠕变测量截面处，应设计活动保温并在保温外加注标记，其保温性能不低于该部件保温材料的保温性能。露天或半露天布置的蠕变测量截面处，应有防水渗入管道表面的设施。垂直管段的蠕变测量截面处，应有防止保温材料下滑的可靠措施。

二、施工工艺流程

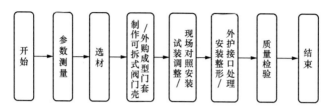

三、工艺质量控制措施

1. 基本要求

（1）阀门在电厂中是经常拆卸、检修的部位，其保温及外护层应安装成可拆式，以便于电厂检修。

（2）阀门保温一般采用耐热保温性能等价于或高于的软质纤维材料替代。选择标准：不大于 350℃采用岩棉纤维材料或高温玻璃丝棉；大于 350℃采用硅酸铝纤维（或用其制作的缝合垫效果更好）。

（3）施工时先量好阀门尺寸制作外护层，然后裁制小三角片，用抽芯铆钉固定于外护层上，将软质纤维材料铺设于内（纤维材料外带镀锌铁丝网，将带网的面朝阀门方向），然后弯折三角片的尖端部分压紧保温材料（三角片的数量可根据阀门大小确定，较大的阀门可相应增加布置密点）。

阀门法兰制装图见图 1-70。

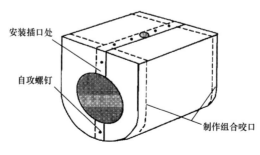

图 1-70　阀门法兰制装图

（4）阀门保温施工前，阀两端的直管道的保温可以做到距离阀门两端法兰螺栓长度加 10mm 左右，然后用外护层制作圆环封头密封其端部保温（其圆环封头的环厚比保温厚度短 10～25mm 距离，防止外护封头传热）。

（5）室内的阀门盒外护层固定可采用自攻螺钉，便于拆除再利用。小阀门可采用钢带加搭扣固定，方便快捷。室外的管道可以采用金属抽条固定。

室内采用自攻螺钉阀门保温示范图片见图 1-71。

（6）对露天阀门顶部开孔等缝隙处部位可采用聚乙烯的透明密封喷胶进行密封，以起到防水作用。

2. 工艺流程

（1）现场制作保温套：

1）参数测量（收集数据）。

2）选材（根据介质温度选择阀门保温材料）。

3）制作可拆式阀门壳（内含保温材料）。

4）试装调整（合格后）。

5）安装整形、质量验收。

现场制作的彩钢板阀门保温示范图片见图 1-72。

图 1-71 室内采用自攻螺钉阀门保温　图 1-72 现场制作的彩钢板阀门保温

（2）采用成型保温套：

1）参数测量（收集数据）。

2）厂家对照模具生产。

3）现场对照安装（一般采用哈夫式两半，用螺栓固定）。

4）成型阀门保温套与管道保温外护层接口处理。

5）质量验收。

采用成型保温套的阀门保温示范图片见图 1-73。

图 1-73 采用成型保温套的阀门保温

3. 施工工艺主要和控制点

（1）参数测量要采用较精确的软皮尺对阀门抽样多点测量，抽取的数据认真做好记录，计算后方可制作。

（2）选材（阀门保温材料的选择）：要严格根据设计院设计的介质温度选择保温材料选择。

（3）阀门外护层内含的保温材料要填塞密实。

（4）阀门外护层的固定要保持可拆卸性。

4. 本施工工艺常见通病

（1）大的阀门或保温厚度太厚的外护层太重。

（2）顶部阀门帽开口太小，局部容易超温；开口太大、露天，容易进水。

（3）侧面管道开口太大，容易使阀门晃动不牢固。

（4）采用钢带和搭扣时不能太松，否则外扩层晃动不牢。

（5）采用成型保温套时与原直管道接口处保温棉要塞好填实。

5. 主要质量指标

（1）阀门保温材料的厚度与原管道保温厚度保持一致。保温层厚度允许偏差：＋10%、－5%，但不得大于＋10mm，且不小于－10mm；容重允许偏差：＋10%。

（2）外护层遇障碍时开口不能太大，一般＋5mm 为佳（与障碍的间距）。

（3）外护层内的保温材料的固定三角形片根据保温厚度和外扩层大小，一般数量同销钉布置，重要的、大的或厚度很厚的增加其数量。其三角形片自身的厚度不小于 0.7mm 为佳。固定三角形片的抽芯铆钉的大小取决于该设计外护板与外护板之间固定的抽芯铆钉型号，不宜太长。

（4）外护层采用自攻螺钉固定，间距不大于 60mm。

（5）现场施工制作的可拆式保温外护层与管道保持一致，美观协调。

（6）厂家模具生产的成型的保温套强度高，施工极为方便，形状与阀门本体形状一致且美观。

四、工艺质量通病防治措施

（1）阀门保温材料宜使用软质材料，对施工现场用的保温材料，必须经过化验或附有合格证明，不合格的保温材料，不能用到工程上去。

（2）应严格按保温工程操作规程进行施工，并在各工序中进行认真检验，保证下道工序的质量。

（3）保温、抹面、护面施工应分别验收，上道工序不合格不能进行下道工序。最终验收时，保温层外观质量应光亮整洁、整齐划一、无塌陷、无破损、无变形，内在质量应达到在机组正常运行情况下表面温度不大于 50℃（环境温度 20℃）。

（4）保温层内部应紧密，填充要饱满、均匀，厚度要一致，摸外壳时应使用弧形工具，精心操作，保持抹面厚度一致，包扎金属外壳时，应牢固平整。

（5）保温外护罩应采用成型护罩（外购成型塑壳或铁皮加工）。阀门的保温部位，可拆卸部件的两侧和接管处做保温层时，应留出一定的空隙，保证拆卸便利。在保温层终端面应做成 45°角。

（6）阀门上的保温钉、螺钉、托圈等，应按设计和规范要求，保持一定的间距和高度。焊接时，电流要适宜，保证焊接质量。

（7）提高成品保护意识，要让全体人员对施工成品镀锌铁皮和设备表面油漆都有一种保护意识，爱惜别人的产品，尊重别人的劳动成果，对容易踩坏的部位采取防护措施。

五、质量工艺示范图片

阀门保温成品（一）～（六）示范图片见图1-74～图1-79。

图1-74　阀门保温成品（一）

图1-75　阀门保温成品（二）

图1-76　阀门保温成品（三）

图1-77　阀门保温成品（四）

图1-78　阀门保温成品（五）

图1-79　阀门保温成品（六）

第九节　管道保温

一、相关强制性条文

1.《电力建设施工技术规范　第3部分：汽轮发电机组》（DL 5190.3—2012）

> 1.2.9　施工使用的重要材料均应有合格证和材质证件，在查核中对其质量有怀疑时，应进行必要的检验鉴定。优质钢、合金钢、有色合金、高温高压焊接材料、润滑油（脂）、抗燃液和保温材料等的性能必须符合设计规定和国家标准，方准使用。

2.《火力发电厂高温高压蒸汽管道蠕变监督规程》（DL/T 441—2004）

> 3.5　蠕变测量截面的保护
>
> 3.5.1　蠕变测量截面处，应设计活动保温并在保温外加注标记，其保温性能不低于该部件保温材料的保温性能。露天或半露天布置的蠕变测量截面处，应有防水渗入管道表面的设施。垂直管段的蠕变测量截面处，应有防止保温材料下滑的可靠措施。

二、施工工艺流程

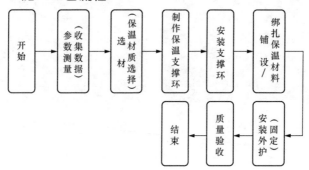

三、工艺质量控制措施

1. 参数测量（收集数据）

保温管道参数测量（数据采集）直接影响到管道保温支撑，制作的尺寸是否准确。要对实际的管道采用较精确的软皮尺抽样多点测量，然后根据设计院设计的主保温层厚度计算支撑件的个数和长度，进而确定单环与双环的个数。

2. 选材（保温材质选择）

保温材料的特性将影响管道的传热特性，必须严格按照设计院设计的管道表面温度去确定保温固定件、支撑件等铁件的材质，不可随意替代。

3. 保温支撑环的制作及安装

（1）单环（A 型环）主要用于管道的鳍片间位置，双环（B 型环）主要用于管道的鳍片位置。两鳍片间距离以 3800mm 为优，一般支撑环每 3800mm 之间设五个：两个双环（B 型，布置在鳍片位置）和三个单环（A 型，布置在两个鳍片之间），各环间距为（不超过）950mm 为佳。

保温支撑环示范图片见图 1-80。

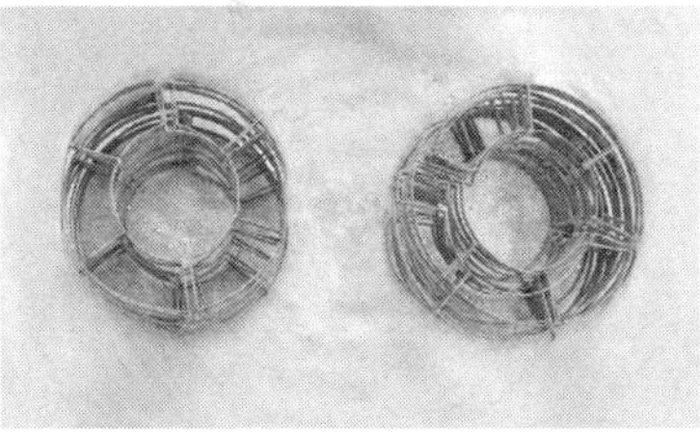

（2）支撑外环的支腿采用与外环尺寸相同的扁钢，支腿与内环的固定采用焊接方式。

（3）支撑件不得设在有附件的

图 1-80　保温支撑环

位置上，环向应水平设置，各托架筋板之间安装误差不应大于 10mm。支撑件的宽度应小于绝热层的厚度 10mm，但最小不得小于 20mm。

保温支撑环安装示范图片见图 1-81。

（4）直接焊于不锈钢设备上的支撑件，必须采用不锈钢制作。当支撑件采用碳钢制作时，应加焊不锈钢垫板。

（5）当不允许直接焊接于设备上时，应采用抱箍型支撑件。

图 1-81　保温支撑环安装

介质温度大于 200℃时，抱箍式固定件与设备之间应设置隔垫。

4. 铺设、绑扎保温材料

保温材料铺设、绑扎示范图片见图 1-82。

（1）一般采用的管构或毯材的长度或宽度宜为 950mm，便于施工。毯材的外表面应当附铁丝网或钢丝网之类，增加毯材的缜密强度。

（2）当保温层厚度大于 100mm、绝热层厚度大于 80mm 时，应分层施工，各层的厚度应接近；当采用两种或多种绝热材料复合结构的绝热层时，每种材料的厚度必须符合设计文件的规定。

保温材料分层铺设示范图片见图 1-83。

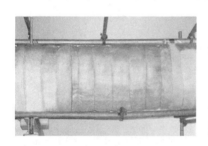

图 1-82　保温材料铺设、绑扎

图 1-83　保温材料分层铺设

5. 安装外护层

（1）安装铝合金外护层时，在外环的表面贴上自黏胶带以防普通 Q235 材料与铝合金发生腐蚀反应（外护层为镀锌铁皮的则不需要），缩短铝合金寿命。对露天外护层开口、接缝等部位采用聚乙烯的透明密封喷胶进行密封，以起到防水作用。

（2）卷状的外护层，宽度应为 1000mm，与支撑环的 950mm

（搭接 50mm）正好匹配。水平的管道外护层轴向和环向搭接均取 50mm（高温、大直径的管道的可以放宽到 70～80mm）。采用平板金属保护层时，应在外护层的横纵接缝处压出凸筋。

水平管道支撑环和外护层安装示意图见图 1-84。

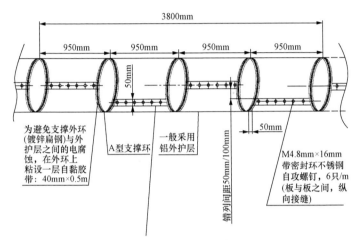

图 1-84 水平管道支撑环和外护层安装示意图

（3）只有轴向安装时采用自攻螺钉固定，一般 6 只/m 最佳；环向不允许螺钉固定，环向和轴向接缝相碰处不可以固定，以保持膨胀滑动。

（4）采用双环（B 型环）时自攻螺钉要将外护层固定在外环上；采用单环（A 型环）则自攻螺钉应固定于外环以上位置，不准将外护层固定于外环上，以免影响膨胀滑动。

（5）对于固定外护层用的自攻螺钉，其寿命应至少与外护层同寿命（与外护层材质一样），最好选其寿命比外护层的要长久些（材质超过外护层）。上述材质不同而又相接触时可采用橡胶塑料密封环作为垫片，以避免发生反应造成腐蚀。

6. 质量验收要点

（1）测量管道的实际外径及周长不能偏差±10mm。

（2）支撑环的内环尺寸允许偏差 15mm，外环允许偏差±10mm。

（3）支腿的长度与主保温层厚度保持一样，允许误差±5mm。

（4）支撑环的间距标准为 950mm，可适当调整范围（900～1100mm）。

（5）管道轴向搭接 30～70mm，环向搭接 50～80mm。

（6）外护层轴向自攻螺钉不少于 5 只/m，垂直管道环向自攻螺钉不少于 2 只/m。

（7）每段外护层环向错缝间距为 50～100mm，大型管道150～200mm；露天水平管道外护层的轴向接缝控制在时钟 4～5点位置。

（8）外护层的凸筋宜取 4.5mm 为佳，不小于 3.2mm 或小于9mm。

（9）土艺的外观质量标准：

1）支撑环圆滑、整齐地排列安装在管道上。

2）保温材料表而平整、缜密。

3）外护层每 950mm 一段，形成模块化，每段一致美观。

4）轴向、环向自攻螺钉间距一样，数量一样，错缝间距一样，错缝位置一样，形成完美的表面。

四、工艺质量通病防治措施

（1）保温及护面质量通病主要指保温层不实、抹面开裂、温度超标、外包铁皮变形、外观工艺差等问题。

1）保温材料的品种、规格、厚度、性能要符合设计要求并经检验合格，管道保温材料应注意与管径相符，严禁使用不合格材料；存放时要按不同品种、规格分类存放，注意防水、防潮、防晒，摆放高度不要超过 1.8m，标签朝外；施工时保护层未安装的保温材料应采取措施，严禁风吹、雨琳、日晒。

2）保温工作开工前，必须经过技术交底。必要时，应选择一处保温的难点进行试安装做样板，经检验合格后，再开始正式施工。施工人员要严格按作业指导书进行施工。

3）保温层砌筑应保证内外层缝隙错开，块与块之间挤实。阀门、三通、弯头等位置保温料要填满、密封扎紧。施工时一层要错缝，二层要压缝，拼缝严密，缺角补齐，填充密实，绑扎牢固，铁丝网紧贴在主保温层上连接牢固，缝隙用相应的散状标准材料填满，膨胀缝要按规定留设合理，每层保温材料施工完要进行找平严缝处理。弯头的保温材料应放样板下料。

4）施工好的保护层要采取相应措施进行保护，无法除去污染物或碰撞变形的保护层要进行更换，合理安排施工且尽可能减少交叉作业。

5）外装板加工后要妥善保管，保持其整洁、平整，按顺序堆放，防止碰撞、错用；所有接口必须放在隐蔽处；高温、高压管道的弯头宜采用片弯，其余管道弯头采用放样弯，所有弯头的背面必须布置连接片，以防止外装片胀开、脱落；固定钉的间距均匀、美观、平行管道的接口要保持在同一水平线上。

6）垂直高度大于3m的管道保温时中间应加焊承力托架。炉墙、管道、烟风道等保温施工必须按设计留够膨胀间隙。保温层绑扎必须牢固且应保证不能在管壁上滑移。

7）保温抹灰灰浆应严格按配合比要求配制，施工按照作业指导书规定的工艺操作；保温抹灰应做到横平竖直，浑圆光滑，转角弯头过渡自然。抹灰后应进行足够的养护，防止暴晒和雨淋；膨胀缝处铁丝网要拆开，施工时要有防雨应急措施，铁丝网要贴保温层，连接牢固。

（2）外护板安装总体要求：

保温层外保护板应选硬质、亚光、拉毛铝合金板或镀锌白铁皮，且厚度应符合设计要求，具有一定的强度，表面应光亮、无锈蚀、无污染。

1）现场使用的外护板应由熟练的技工在料房加工制作，压筋折边均应采用机械加工。

2）剪切直段尺寸要准确，误差不得超过 10mm；弯头、三通及有关弧线部分要按样板画线进行剪切，要求剪切准确，不允许有凹凸现象，无毛刺，误差不得大于 2mm。

3）凸筋起线要求圆滑，根据保温管径采用不同直径的凸筋，管道外径 300mm 以下，凸筋 ϕ6mm，管道外径 300mm 及以上，凸筋 ϕ9mm。

4）所有外护板在加工制作过程中，要进行表面保护，减少划痕；料房的地面要铺设地毯，加工用的机械与铝合金板有接触的面应铺设防划毡等。

5）施工中管线直段部分要横平竖直，误差不得超过 3mm，并把搭接口部位放到隐蔽位置；有些外护板的搭接口无法放到隐蔽位置时，应顺着视线的方向搭接；有障碍处，应把剪切口放在隐蔽位置，如果在实际施工过程中，不能把剪切口留在隐蔽位置的，应用加短节的方法来处理；吊杆穿铁皮处要采用罩壳形式，以防止热态外护板膨胀拉开。

6）在安装过程中，外护板的搭接处要严密无缝；外护板安装纵向搭接 50mm，自攻螺钉固定，螺钉距要求 200mm 左右，相邻纵向搭口错开，间距一致；环向搭接 50mm，自攻螺钉固定，螺钉间距 200mm，小管径管道，环向自攻螺钉不得少于 4 个，环向搭接口间隔 3～5m 留膨胀缝，膨胀缝处外护板搭接 100mm，环向搭口不固定。

7）竖直管道的外护板应固定在托架上，防止外护板脱落。

8）弯头安装要求节与节之间相接吻合，严密无缝、无松动现象，对口整齐，铆接牢固，均匀美观；弯头外护板的角度应与管道的实际角度相符，误差不大于±3°，不得有勾头或扬头的现象；弯头安装时应在外弧处内衬 50mm 左右宽的衬条，使用自攻螺钉将虾米弯节在两端与衬条连接于环口边沿，保证热态下环口不被拉开；外径大于 500mm 的弯头内加衬条。

9）现场所用的三通应在料房统一下料，三通与主管道接口处应起线；罐体封头应扣槽均匀，搭接一致，无缝隙。

10）管道外护板安装要求：

a. 管道弯头部分。

b. 弯头周长在 500mm 以下，节片为 5 页；弯头周长在 750mm 以下，节片为 7 页；弯头周长在 1000mm 以下，节片为 9 页。

c. 弯头搭接线必须对齐，搭接口留在隐蔽处。

d. 露天布置的弯头搭口不得放在上面，要考虑防雨。

e. 弯头节与节之间扣槽严密，不允许在角度不合时多搭接。

f. 弯头与直段过渡圆滑。在现场实际施工过程中，有时管道和弯头接头处需一小段双面起线的直段，不得在现场随意下料，须返回料房加工好再到现场安装。

g. 管道水平直段部分外护板必须平直，块与块必须对线，不准有大小头现象。

h. 安装时把搭接口留在隐蔽位置。

i. 垂直管道安装时，外护板必须垂直，误差不许超过 5mm。

j. 直段外护板搭接部位重叠起线，重叠部分应剪去一面。

k. 外护板搭接部分的间隙不得超过 1mm。

l. 固定外护板用的自攻螺钉间距 200mm，误差不超过 3mm。

m. 当管道安装成排时，成排管道的搭接线必须一致（包括横向、纵向）。

五、质量工艺示范图片

平衡容器支管保温工艺、平衡容器管保温工艺、管道弯头内侧彩钢板保温工艺、管道弯头外侧彩钢板保温工艺、直管支吊架彩钢板保温工艺、管道穿地保温工艺、管道弯头内侧保温工艺、管道弯头外侧保温工艺、直管支吊架保温工艺、锅炉集箱管保温工艺、锅炉主蒸汽管道保温工艺示范图片见图1-85～图1-95。

图1-85　平衡容器支管保温工艺　　　图1-86　平衡容器管保温工艺

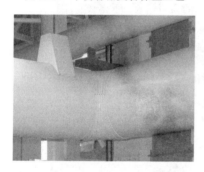

图1-87　管道弯头内侧彩钢板保温工艺　图1-88　管道弯头外侧彩钢板保温工艺

图1-89　直管支吊架彩钢板保温工艺　　图1-90　管道穿地保温工艺

图 1-91　管道弯头内侧保温工艺

图 1-92　管道弯头外侧保温工艺

图 1-93　直管支吊架保温工艺

图 1-94　锅炉集箱管保温工艺

图 1-95　锅炉主蒸汽管道保温工艺

第十节 吸收塔安装

一、相关强制性条文

1.《电力工业锅炉压力容器监察规程》（DL 612—1996）

4.1 从事锅炉、压力容器和管道的运行操作、检验、焊接、焊后热处理、无损检测人员，应取得相应的资格证书。

7.2 锅炉、压力容器及管道使用的金属材料质量应符合标准，有质量证明书。使用的进口材料除有质量证明书外，尚需有商检合格的文件。

2.《电力建设施工技术规范 第 2 部分：锅炉机组》（DL 5190.2—2012）

3.1.5 凡《特种设备安全监察条例》涉及的设备，出厂时应附有安全技术规范要求的设计文件、产品质量合格证明、安装及使用维修说明、监督检验证明文件。

3.1.7 锅炉机组在安装前应按本部分对设备进行复查，如发现制造缺陷应提交建设单位、监理单位与制造单位研究处理并签证。

3.1.11 设备安装过程中，应及时进行检查验收；上一工序未经检查验收合格，不得进行下一工序施工。隐蔽工程隐蔽前必须经检查验收合格，并办理签证。

3.《电力建设施工技术规范 第 3 部分：汽轮发电机组》（DL 5190.3—2012）

3.1.12 安装就位的设备应加强成品保护，防止设备在安装期间损伤、锈蚀、冻裂；经过试运行的主要设备，应根据制造厂对设备的有关要求，制定维护保养措施，经监理审定后，妥善保管。

4.《电力建设施工技术规范　第 5 部分：管道及系统》（DL 5190.5—2012）

4.1.4　合金钢管道、管件、管道附件及阀门在使用前，应逐件进行光谱复查，并做材质标记。

5.《电力建设施工技术规范　第 6 部分：水处理及制氢设备和系统》（DL 5190.6—2012）

12.3.5　衬胶管、衬塑管、涂塑管等衬里管道的安装，应符合下列规定：

1　在组装前应对所有管段及管件进行检查：

1）用目测法及用 0.25kg 以下小木槌轻轻敲击，以判断外观质量和金属衔接情况。

2）管道的衬胶质量应按本部分第 3.3.3 条的规定进行检查，衬塑管、涂塑管按 DL/T 935《铜塑复合管和管件》的有关规定进行检查，应符合要求。

3）法兰结合面应平整，搭接处应严密，不得有径向沟槽。

4）法兰结合面间应加软质、干净的耐酸橡胶垫或耐酸塑料垫，加垫时应保护好衬胶部位。

5）吊装衬里管道时，应轻起轻落，严禁敲打和猛烈碰撞。

2　衬胶管道及管件受到污染时，不得使用能溶解橡胶的溶剂处理。

3　已安装好的衬里管道上不得动用电火焊或钻孔。

4　衬胶管道和管件，应存放在 5℃以上的环境中，避免阳光曝晒。

二、施工工艺流程

三、工艺质量控制措施

（1）吸收塔底板要求与吸收塔基础之间不允许出现缝隙，如

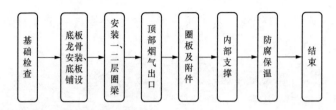

图1-96　吸收塔缝隙处理

有缝隙必须以合成树脂填充（见图1-96）。

（2）塔壁允差。

1）壁板卷制后，应立置在平台上用样板检查。垂直方向上用直线样板检查，其间隙不得大于1mm；水平方向上用1m长弧形样板检查，其间隙不得大于4mm。圆周上的局部偏差只能是平缓变化，不允许突变。

2）筒体直径D允差是直径（mm）的±1‰，当$D \geqslant 12000$mm时，最大允许误差±10mm；当$8000\text{mm} < D \leqslant 12000\text{mm}$时，最大允许误差±8mm。

3）底圈壁板的铅垂允差不应大于3mm，其他各层壁板的铅垂允差不应大于该圈壁板高度的0.3%。圆周上每1m弦长上的径向误差（凸出或凹进）不能大于5mm。

吸收塔底板龙骨二次浇灌后打磨示范图片见图1-97。

4）吸收塔铅垂允差1/800，且不大于50mm。每个环的铅垂允差每2500mm最大不能大于6mm。

图1-97　吸收塔底板龙骨二次浇灌后打磨

5）纵向和圆周对接焊接处的钢板表面的最大偏移不能大于

0.1 壁厚，且最大不超过 1mm，内壁焊缝应该打磨平整。外壁焊缝应满足焊缝成形要求，不同板厚的接口，外壁焊缝要打磨成圆弧过渡。

（3）塔顶允差：锥体的高度允差±20mm，塔顶边缘允差±10mm，塔顶中心漂移允差 15mm。

（4）加劲肋允差。

1）环向加劲肋的标高允差±10mm，环向加劲肋的水平度允差±5mm。

2）环向加劲肋的翼缘外侧必须与壳体的纵轴平行，偏差为±0.5°。腹板必须与壳体的纵轴垂直，偏差为±0.5°。

3）纵向加劲肋的垂直度允差 2mm/m；纵向加劲肋的位置允差±10mm；纵向加劲肋的腹板应该与壳体垂直，偏差控制在±0.5°范围内；纵向加劲肋的翼缘板外侧应与吸收塔的壳体相切，偏差控制在±0.5°范围内，见图 1-98。

4）圆锥顶外部加劲肋沿纵向每 1000mm 偏差不能大于 5mm，且加劲肋整体公差不能超过 20mm。加劲肋之间的顶板凹凸度不大于其理论值的±8mm。

（5）接管的允差（人孔和检查孔除外），与理论尺寸的关系如下：

1）管口轴线的偏差：径向±0.1°，轴向从底环量起±20mm，径向从参考面量向法兰面±5mm。

2）管口法兰面在水平和竖直两个方向不能有超过 0.5°的偏差。管口的理论法线与实际法线，最大偏差角为 0.5°，最大偏差距离为 3mm。管口法兰面上的螺栓孔与

图 1-98　吸收塔的加筋肋

理论位置偏差不得大于螺栓孔径与螺栓直径差值的一半。圆法兰面

平面度允差 0.2～0.8mm，矩形法兰面平面度允差 0.5～1mm。

3）人孔和检查孔的相关允许偏差值是上述偏差的 2 倍（螺栓孔除外）。

4）管口法兰面和吸收塔中线的偏差不得超过 10mm，每两个管口法兰面之间的偏差不超过 3mm。

5）水平内部管道的末端支撑应与各个容器管口对齐。

（6）吸收塔入口、出口允差：

1）入口和出口的标高允许误差±5mm。

2）烟气入口及出口轴线与理论值的偏差不超过 0.1°，法兰面的倾斜度每 2000mm 最大偏差 3mm。

3）烟气入口和出口的轴线末端，在垂直和水平方向的偏差不超过 6mm，内部对角线的偏差不得超过 20mm。两个加劲肋之间的钢板的平面度公差为±5mm。加劲肋的间距允许误差为±10mm。

4）入口和出口法兰面的局部平整度：在相当于两个螺栓的距离里，其偏差不大于 0.5mm。如果安装有弹性橡胶或类似材料接头，则偏差不应超过 1mm。

5）入口和出口法兰面的总平整度：整个法兰面偏差在 1°范围内。如果安装有弹性橡胶或类似材料接头的，则偏差不应超过 3°。

6）吸收塔入口/出口单个孔的位置精度与理论位置的最大偏差为±0.5mm，入口/出口边缘的笔直度偏差为 5mm。

（7）内部支撑梁：

1）吸收塔内部除雾器、浆液循环管及氧化空气管的支撑梁中线到吸收塔中心之间的偏差不超过 15 mm。浆液循环管支撑梁之间的偏差（中心到中心）不超过 10 mm，除雾器、氧化空气管支撑梁之间的偏差（中心到中心）不超过 5mm。除雾器、浆液循环管及氧化空气管的内部支撑梁应在同一标高。

2）吸收塔内部管道支撑件与相关管口之间的偏差不超过 5mm。吸收塔内部支撑梁的水平度为 $L/1500$mm（L 是指两支承端之间的距离，mm）。

（8）吸收塔内部对接焊缝必须磨平，搭接、角接的焊缝打磨成 $R>5mm$ 的圆弧过渡。

四、工艺质量通病防治措施

1. 容易出现的质量问题

（1）放样、号料精度不准。

（2）构件刚度差。

（3）焊接变形。

（4）构件污染。

（5）防腐层破损脱落。

2. 原因分析

（1）操作工人的熟练程度不够，在放样、下料、焊接过程中大多未按设计要求和规范规程规定的工艺进行。

（2）构件拼装过程中临时支撑杆件尺寸误差。

（3）构件焊接后翘曲变形，焊缝布置不对称，焊接的电流速度、方向及焊接时采用的装配卡具，对构件变形造成的影响以及坡口形式及预留焊缝未按工艺要求及图纸施工。

（4）钢结构构件加工制作及安装场地条件差，对构件未加保护，施工人员责任心不强等。

（5）焊缝、构件打磨不够圆滑，喷砂不彻底，未及时喷涂底漆，环境温度低，防腐厚度问题，防腐后外表面动火。

3. 预防措施

（1）熟悉图纸，工艺要求认真做好技术交底工作，操作要准确，验收要落实责任。

（2）在构件进行地面拼装时，必须保证构件平整稳定，在刚度不够时，应采取加固措施，以增强构件的刚度。严格控制各支撑杆件尺寸的精度和构件的几何尺寸及节间距尺寸。

（3）焊前装配时，将工件向与焊接变形相反方向预留偏差。

控制焊接顺序防止变形，采用夹具和专用胎具，将构件固定后再进行施焊。严格按照工艺要求进行焊接。

（4）在构件加工制作前，应对场地进行硬化。在涂装前，及时清除构件表面上的焊渣、焊疤、灰尘、油污、水和毛刺，按设计要求和国家现行有关标准进行除锈，涂装完成后构件的标志、标记和编号应清晰完整。当构件运到安装现场后，不得随意堆放在有泥水和场地条件比较差的地段，应将现场进行平整，并加木方铺垫。

（5）安装移交防腐前对打磨质量进行认真检查，阳角阴角打磨应符合图纸设计要求；焊缝打磨前应饱满，不能存在咬边等表面工艺缺陷；喷砂后应进行彻底检查，喷砂质量应符合技术要求；喷砂后应及时涂底漆；防腐施工过程中应连续检测环境温度、湿度等条件，对不符合施工工艺的气象条件要暂停施工或者采取措施；防腐层厚度要按照设计要求进行施工，对出现的过薄、过厚以及针孔等现象要予以局部返工修补。

五、质量工艺示范图片

安装完毕保温后的吸收塔、吸收塔内部件支撑结构示范图片分别见图 1-99、图 1-100。

 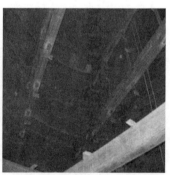

图 1-99　安装完毕保温后的吸收塔　　图 1-100　吸收塔内部件支撑结构

第二章

汽　轮　机

第一节　发电机氢气系统漏氢量控制

一、相关强制性条文

1.《电力建设施工技术规范　第3部分：汽轮发电机组》（DL 5190.3—2012）

> 5.5.8　发电机端盖最终封闭应符合下列规定：
>
> （1）端盖封闭前必须检查发电机定子内部清洁、无污物，各部件完好；各配合间隙符合制造厂技术文件要求；电气和热工的检查试验项目已完成，并办理检查签证。
>
> 5.6.9　发电机及气体系统整套严密性试验的试验压力与允许漏气量，必须符合制造厂要求，制造厂无要求时，可参照附录G进行试验与计算，试验工作应符合下列规定：
>
> 10　发电机及气体系统进行检漏试验和漏气量试验时，在系统未泄压或系统内尚含有氢气是严禁施焊。
>
> 5.8.5　水氢氢冷发电机的冷却水系统安装完毕，完成下列工作并检验合格后，方可投入运行：
>
> 1　发电机冷却水系统必须冲洗合格。

2.《电力建设施工质量验收及评价规程　第3部分：汽轮发电机组》（DL/T 5210.3—2009）

> 4.6.21　发电机和励磁机安装分部工程强制性条文执行情

况检查表见表 4.6.21。

10 氢冷、水氢氢冷发电机密封填料采用橡胶条时，其断面尺寸应符合要求，并有足够的弹性和压缩量。

当采用胶质密封填料时，应按制造厂规定的方法填充，并注意以下两点：

1）密封槽内应清理干净，涂料应将沟槽填满，然后紧好端盖垂直和水平结合面螺栓；

2）加压填充密封料时，应从上部的填充孔开始，待下一个相邻的孔冒出填料后，用丝堵堵死上一个孔，并在下一个孔继续加压填充直至全部沟槽充满。

小端盖上密封压力风道应畅通，并与大端盖上的压力封口对准。

二、施工工艺流程

三、工艺质量控制措施

（1）设备安装前要清除其内部铸砂、锈皮、油漆及其他杂物。

（2）管道和设备接口之前应先清理后接口，严禁遗留任何工器具和杂物。

（3）机械设备安装就位后，所有孔洞应临时封固，防止杂物进入。

（4）管道安装前应将所有开孔开完后，然后按技术要求规定进行清洗（如酸洗、喷砂等），再用干燥的压缩空气将管内吹扫干净，最后封口。

（5）管道坡口应机加工或角向砂轮机打磨成形，焊口两侧焊前应按规定清理干净。

（6）对口焊要采用氩弧焊打底的焊接工艺，对口前管内杂物应清理干净。

（7）安装过程中，注意随时封闭焊口、开孔等，保持管内清洁。

（8）试压介质使用干燥、清洁的压缩空气或氮气。

（9）所有法兰接合面材料应符合制造厂要求。

（10）阀门类型和垫料应符合制造厂要求。

（11）标准状况下，发电机漏氢量不大于 $6m^3/d$。

四、工艺质量通病防治措施

（1）发电机外端盖、冷却器、出线罩安装要求。

1）在穿转子之前要进行外端盖试装。先清理发电机外端盖及定子各结合面表面，保证其表面光洁无毛刺，不得有径向沟槽。在把紧 1/3 螺栓状态下，检查水平、垂直中分面的间隙，用 0.05mm 塞尺检查不入。

2）发电机外端盖密封填料安装控制。发电机外端盖安装前，将其密封槽彻底清理干净，预填发电机厂提供的密封填料于接合面密封槽内，密封涂料的涂抹应均匀且尽量薄，避免端盖螺栓把合后密封涂料被挤入注胶槽内，影响注胶效果。均匀把紧螺栓至规定力矩。用注胶枪从底部结合面注胶孔开始缓慢注入，在相邻孔流出即可。依次注入，直到全部注满为止（见图 2-1）。

3）发电机外端盖安装。发电机上半端盖就位后，先把紧垂直面 1/3 螺栓，顶起转子检查上、下半端盖错位情况并调整，在下半端盖不吃力的情况下，由内侧

图 2-1 发电机端盖密封胶槽布置图

向外侧对称均匀紧固上、下半结合面螺栓，然后由两端向顶部对称均匀紧固上半端盖垂直面螺栓，在端盖中分面处架设百分表监

视转子落位前后端盖在轴向及上、下的变形量，要求变形量一般不得大于 0.03mm，最大不得超过 0.05mm（见图 2-2）。

图 2-2　发电机密封填料的预填装

4）发电机氢气冷却器外罩及氢气冷却器安装。氢气冷却器在安装前应按厂家规定要求对氢气冷却器进行水压试验检查。清理检查冷却器外罩与定子结合面，用压缩空气吹扫，确保结合面干净无杂物。将氢气冷却器穿装于氢冷器外罩内，冷却器与冷却器罩之间通过密封槽内的密封胶进行密封，以交叉方式均匀紧固螺栓，直至达到规定的最大力矩。氢气冷却器外罩与发电机定子结合面部位进行密封焊接，对焊缝部位进行着色检验。安装结束后用干燥、洁净的压缩空气对冷却器进行吹扫，去除杂物。

5）发电机出线罩安装。发电机定子就位前，将出线罩翻转至安装位置并放置在基础上，仔细清理水平结合面至光洁无毛刺。在密封槽内填充密封胶，嵌入密封圈，交叉紧固螺栓，达到厂家规定的最大力矩。

（2）发电机轴密封部套安装要求。

1）密封瓦座试装应及时、全面、仔细。密封瓦座把合在端盖上后，其上、下半间隙以及轴向错位应仔细检查，不得超标。发电机密封瓦座水平结合面采用涂色法进行检查，接触面积大于75%且均匀分布。垂直结合面装配平整、无错口，接触间隙小于0.05mm。把紧水平结合面螺栓，密封瓦与瓦座内腔涂色检查，接触均匀。

2）密封瓦安装。

a. 密封瓦乌金外观检查应无气孔、夹渣、凹坑及裂纹等缺陷。用浸煤油或渗透液方法检查密封瓦钨金应无脱胎现象。

b. 仔细清理油孔及环形油室，确保清洁、畅通，无锈皮、铁屑及杂物。

c. 上、下半瓦同时倒放在平板上，用涂色法检查中分面，接触面积大于 75% 且均匀分布。

d. 用外径千分尺沿圆周测量厚度，检查密封瓦侧面平行度偏差不大于 0.03mm。

e. 密封瓦组装时，按照汽、励侧标记进行安装。在把合紧固密封瓦座与端盖垂直接合面螺栓的过程中，要通过不断拨动密封瓦，确保螺栓把紧后，密封瓦在密封瓦座内灵活、无卡涩。

f. 密封瓦瓦体内径与转子的直径测量值必须准确，尤其是转子直径测量时位置的选择需要考虑转子在冷态时和热态时与密封瓦的相对位置是不同的，故间隙测量时要将全部因素考虑在内，使其安装间隙符合制造厂要求。

（3）发电机本体设备上所有检修人孔、手孔须进行解体检查，检查后及时更换密封胶皮垫片，胶皮垫片要采用氟橡胶垫片或熟橡胶垫片。

（4）发电机氢气系统安装要求。

1）设备检查清理：发电机所供气体控制站、干燥器、控制盘、阀门等设备及部件在安装前，进行解体检查；对控制站内部管道进行清理，将加工、运输过程中遗留在管道内的杂质清理干净，防止运行中杂物损坏阀芯结合面（氢气门芯多为聚四氟或牛筋垫密封），造成阀门内漏。

2）阀门的压力试验：所有氢气系统上的阀门安装前必须进行严密性检验，以检查阀座与阀芯、阀盖及填料室各接合面的严密性。阀门的严密性试验应按 1.25 倍铭牌压力的水压进行。

3）气体管道的安装要求：

a. 氢气管道系统阀门要采用氢气系统专用的波纹管截止阀，阀门尽量采用焊接式，以便减少漏点；如若采用法兰式阀门，阀门法兰间垫片采用聚四氟乙烯垫片，并用搭接线连接前后法兰。

b. 施工用的管材采用合格的管材，管子内外表面应光滑、清洁，不应有针孔、裂纹、锈蚀等现象。

c. 管道法兰连接螺栓紧固时必须按照对角紧固法，要求紧固时按照初紧、终紧进行紧固，螺栓穿装方向一致，螺栓紧固结束后，螺栓要露出螺母 2～3 扣。管道与设备法兰连接时，应先检查设备接口处是否平整，如不平整使用小平板对其进行研磨，与其连接的法兰也要进行检查（见图 2-3）。

d. 管道施工过程中，所有测点要提前在管道上钻配，管道系统在风压合格后严禁再在管道上开孔施工。发电机氢气管道全部采用氩弧焊接，焊接后进行 100% 探伤检验（见图 2-3）。

e. 严禁在发电机附近进行管道的切割、打磨工作，防止铁屑等杂物进入发电机影响到发电机绝缘。

（5）密封油系统安装要求。

1）密封油系统的管道在现场安装前对管道内部进行彻底清洗，经过碱洗、静泡、酸洗、水洗、钝化、压缩空气吹干，并将

图 2-3　管道焊接工艺

管口密封保管，确保干净无杂物。

2）对厂家提供的密封油装置上的管道设备进行解体检查，进行清理、吹扫，确保内部清洁无杂物。对接头部分进行解体检查，重新紧固，确保无渗漏。

3）严格保证密封油系统的清洁度。通过大流量及高精度滤油车进行充分过滤，使油质不低于 NAS7 级标准，防止由于油质本身造成的污染。

4）对油质的状况进行同步跟踪。在密封油循环阶段，安排施工人员对密封瓦进行翻瓦清理，再次检查油质情况。

（6）发电机设备安装前，设备检验要求。

1）发电机系统安装前以下设备必须按规范（或厂家规定）进行压力检验，需检验的主要设备包括：氢气冷却器，发电机定子（做单独风压）、发电机转子（做单独风压）、发电机定子本身绕组冷却水管系（单独水压），确保设备完好。

2）管道与设备全部安装完毕后，在机组启动前氢气系统要进行整个系统的风压试验，检查漏点，氢气系统所有设备及管道（包括热控管道及检验设备）必须全部参加风压试验。

五、质量工艺示范图片

发电机设备安装、发电机氢冷水管道示范图片分别见图2-4、图2-5。

图2-4　发电机设备安装　　　　图2-5　发电机氢冷水管道

第二节　真空严密性控制

一、相关强制性条文

1.《电力建设施工质量验收及评价规程　第3部分：汽轮发电机组》（DL/T 5210.3—2009）

表4.4.9-15　强制性条文执行情况检查表中的部分内容：

32　各类管道应按设计图纸施工，如需修改设计或采用代用材料时必须提请设计单位按有关制度办理。

34 管子表面的划痕、凹坑、腐蚀等局部缺陷应做检查鉴定，凡处理后应做好记录及提交检验报告。

36 用于设计温度大于430℃且直径大于或等于M30的合金钢螺栓应逐根编号，并进行硬度检查，不合格者不得使用。

37 作为闭路元件的阀门（起隔离作用），安装前必须进行严密性检验，以检查阀座与阀芯、阀盖及填料室各接合面的严密性。阀门的严密性试验应按1.25倍铬牌压力的水压试验。

图2-6 阀门水压试验

39 阀门解体复装后应做严密性试验（见图2-6）。

40 根据设计图纸在管道上应开的孔洞，宜在管子安装前开好，开孔后必须将内部清理干净。

43 管道安装时，应及时进行支吊架的固定和调整工作。支吊架位置应正确，安装应平整、牢固，并与管子接触良好。

44 整定弹簧应按设计要求进行安装，固定销应在管道系统安装结束，严密性试验及保温后方可拆除，并妥善保管。

45 管道系统水压试验时，当压力达到试验压力后应保持10min，然后降至设计压力，对所有接头和连接处进行全面检查。整个管路系统除了泵或阀门填料局部地方外均不得有渗水或泄漏的痕迹，且目测无变形。

2.《电力建设施工技术规范 第3部分：汽轮发电机组》（DL 5190.3—2012）

8.2.6 用钛管、钛管板的凝汽器施工，应符合下列规定：

a）工作现场必须防尘，在水室内工作必须用风机通风。

j）切下的钛屑应及时清理，防止着火。

7.3.6 汽轮机本体范围内疏水管道安装应符合下列规定：

a）汽轮机本体疏水系统严禁与其他疏水系统串接；

b）疏水管、放水管、排汽管等与主管道连接时，必须选用与主管道相同等级的管座，不得将管道直接插入主管道；

c）疏水阀门应严密不漏，接入汽轮机本体疏水扩容器集箱上的接口，应按设计压力高低顺序布置，阀门布置应满足操作和管道膨胀的要求；

d）疏水集箱的底部标高，应高于凝汽器热井最高工作水位；

e）室内疏水漏斗应加盖，并远离电气设备。

3.《电力建设施工质量验收及评价规程 第3部分：汽轮发电机组》（DL/T 5210.3—2009）

表 4.7.6 水冷凝汽器组合安装分部工程强制性条文中的部分内容：

1 充水前，必须彻底清除内部锈垢、焊瘤和杂物，涂刷内部防腐层应根据设计要求或经过技术部门研究后进行。

2 设备在安装前，必须按规定对设备进行检查。如发现有损坏或质量缺陷，应及时通知有关单位共同检查。对于设备制造缺陷，应联系制造厂研究处理。由于制造质量问题致使安装质量达不到规定时，应由施工单位、制造单位、建设或使用单位共同协商，另行确定安装质量标准后施工，设备检查和缺陷处理应有记录和签证。

3 材料的质量验收应遵照如下规定：

受监的金属材料，必须符合国家标准和行业有关标准。进口的金属材料，必须符合合同规定的有关国家的技术标准。

受监的钢材、钢管和备品、配件，必须按合格证和质量保证书进行质量验收。合格证或质量保证书应标明钢号、化学成分、力学性能及必要的金相检验结果和热处理工艺等。数据不全的应进行补检，补检的方法、范围、数量应符合国家标准或行业有关标准。进口的金属材料，除应符合合同规定的有关国家的技术标准外，尚需有商检合格文件。

二、施工工艺流程

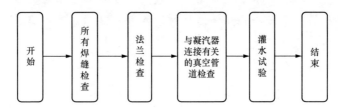

开始 → 所有焊缝检查 → 法兰检查 → 与凝汽器连接有关的真空管道检查 → 灌水试验 → 结束

三、工艺质量控制措施

（1）凝汽器管穿管前采用外探法对不锈钢管进行100%涡流检查，穿管后再进行 20%抽查。

（2）凝汽器壳体上所有密封焊缝应进行渗油试验。

（3）不锈钢管管口密封焊无裂纹，焊后用渗透液 100%检验。

（4）汽侧严密性试验时灌水高度应超过顶层冷却管 100mm，维持 24h 无渗漏。

（5）凝汽器背包两侧疏水管道要采用接管座，接管座材质要同母管材质一致。

（6）真空系统上的所有阀门采用真空型阀门。

（7）对于汽、水系统法兰垫片统一使用质量合格的内加强型金属石墨缠绕垫片。

（8）所有疏放水、放气管道100%采用氩弧焊焊接（见图2-7）。

（9）低压缸端部汽封齿轴向

图 2-7　疏水箱小径管焊接

间隙符合制造厂要求。

（10）低压缸端部汽封齿径向间隙达到制造厂设计值的中等偏下。

（11）机组真空严密性试验值小于 0.15kPa/min。

四、工艺质量通病防治措施

1. 外漏引起的真空差的控制措施

（1）低压外汽缸组合。汽缸组合过程必须严格按施工工艺施工，先做好预组合检查，汽缸的垂直结合面与水平结合面紧 1/3 螺栓后检查，符合厂家要求，确保没有横向贯通间隙，再抹涂料把紧螺栓。

（2）汽缸人孔门检查及安装。汽缸人孔门位于两个低压缸排汽缸两侧，当汽轮机安装全部结束后人孔门堵板才正式安装，因堵板安装最晚所以堵板因存放不善易出现变形，正式安装前要试组装紧 1/3 螺栓检查，合格后抹涂料或加垫正式组装。

（3）低压缸大气阀检查及安装。

1）大气阀安装前要重点检查汽缸上的法兰结合面，应整圈连续接触，无间断，并有一定宽度。

2）大气阀安装时要严格按照厂家说明书要求施工，将与缸盖连接的所有栽丝、丝扣涂密封胶密封。

（4）低压排汽缸温度计及丝帽。低压缸上、下缸有很多温度表接口，未安装温度表的接口厂家用丝帽封堵。对于这些丝帽封堵必须全部拆解检查，清理干净后重新加密封填料安装。

（5）低压缸密封隔板安装。

1）低压缸密封隔板是将低压内缸与低压外缸连接，起到密封和内外缸膨胀差的补偿作用，能使来汽顺利进入内缸，确保蒸汽不泄漏到外缸内。低压缸密封隔板在安装前要做渗煤油检查，合格后方可安装。

2）安装时，内缸的法兰面、密封隔板、低压外缸法兰面之间严格按照图纸要求加装密封垫和涂抹密封胶，并严格监控。

（6）凝汽器安装。

1）凝汽器壳体、管板、隔板存放过程中要用枕木垫平、垫实，防止变形。

2）凝汽器壳体对焊间隙、坡口及焊接形式符合厂家技术条件和焊接规程要求。做好防变形措施。

3）管板管孔要清理干净，孔内无轴向的沟槽、油污、锈蚀和毛刺，打磨至露出金属光泽。

4）冷却管胀接深度要达到管板厚度的 75%～90%。

5）凝汽器汽侧封闭时，确保汽侧空间无杂物，顶部冷却水管无外伤。

（7）抽汽管道连接。7、8 段抽汽管道位于低压缸内，因缸内管道施工狭窄，所以安装过程严格控制管道每一个焊口的检查，每道焊口做渗油或其他方式的检查，合格后方可安装外护板。

2. 内漏引起的真空差的控制措施

（1）阀门检查。

图 2-8　阀门密封面

1）入场的阀门要封闭存储做好保护措施，未安装使用的阀门要做好封堵。阀门安装时要检查阀门密封面的清洁度（见图 2-8）。严禁有残留杂质损坏密封面。

2）入场的所有阀门要求必须进行壳体压力试验和严密性试验，合格后方可使用。特别是所有热力疏水管道上的阀门和真空系统上直接对空的阀门要严格检查。

3）所有真空系统上的阀门必须采用真空型阀门，直接对空的管道上的阀门要增加二次门。

（2）管道系统安装。

1）管道系统的切割必须采用机械加工，严禁用氧气、乙炔火焰切割。

2）管道对口前要检查管道内部清洁，严禁将工具等杂物遗留在管道内。

3）管道法兰连接螺栓紧固时必须按照对角紧固法，要求紧固时按照初紧、终紧进行紧固，螺栓穿装方向一致，螺栓紧固结束后，螺栓要露出螺母2～3扣。螺栓紧固结束后，按顺序一次检查螺栓紧固情况，杜绝螺栓漏紧。

4）管道系统安装结束后要进行系统冲洗，在冲洗系统时，阀门要全开全关，防止堵塞杂物。严格控制冲洗质量，严禁有未冲洗到和冲洗不合格的现象发生。

3. 真空系统的严密性试验

（1）所有与凝汽器连接的真空管道、设备都要参加系统严密性检查。

（2）灌水高度应超过凝汽器与汽缸连接的焊口上100mm。确保所有相关管道系统和设备都进水。所有进水的真空管道应适当加固，弹簧支吊架应锁死，维持24h，水位不下降为合格。

（3）对于水面上部空间采用注入压缩空气，使其内部形成正压的方式进行检漏。

五、质量工艺示范图片

加热器成品保护示范图片见图2-9。

（a）   （b）

图2-9 加热器成品保护

第三节　汽轮机本体安装质量控制措施

一、相关强制性条文

《电力建设施工质量验收及评价规程 第3部分：汽轮发电机组》（DL/T 5210.3—2009）

表4.4.16汽轮机本体安装分部工程强制性条文中的部分内容：

1　汽轮发电机组的施工及验收工作必须以经批准的设计和设备制造厂的技术文件为依据，如需修改设备或变更以上文件规定，必须具备一定的审批手续。

2　设备在安装前，必须按本规范的规定对设备进行检查。如发现有损坏或质量缺陷，应及时通知有关单位共同检查。对于设备制造缺陷，应联系制造厂研究处理。由于制造质量问题致使安装质量达不到本规程的规定时，应由施工单位、制造单位、建设或使用单位共同协商，另行确定安装质量标准后施工，设备检查和缺陷处理应有记录和签证。

3　施工使用的重要材料均应有合格证和材质证件，在查核中对其质量有怀疑时，应进行必要的检验鉴定。优质钢、合金钢、有色合金、高温高压焊接材料、润滑油（脂）、抗燃液和保温材料等的性能必须符合设计规定和国家标准，方准使用。

4　对基础应进行沉陷观测，观测工作至少应配合下列工序进行：

1）基础养护期满后（此次测定值作为原始数据）；

2）汽轮机全部汽缸就位和发电机定子就位前、后；

3）汽轮机和发电机二次浇灌混凝土前；

4）整套试运行后。

对于湿陷性黄土地区，应适当增加测量次数。

沉陷观测应使用精度为二级的仪器进行。各次观测数据应记录在专用的记录簿上，对沉陷观测点应妥善保护。

5 当基础不均匀沉陷致使汽轮机找平、找正和找中心工作隔日测量有明显变化时，不得进行设备的安装。除加强沉陷观测外并应研究处理。

6 汽缸安装前对设备的有关制造质量应进行下列检查，并应符合要求，必要时应做出记录，不符合要求时应研究处理：

1）汽缸外观检查应无裂纹、夹渣、重皮、焊瘤、气孔、铸砂和损伤。各结合面、滑动承力面、法兰、洼窝等加工面应光洁无锈蚀和污垢，防腐层应全部除净，蒸汽室内部应彻底清理，无任何附着物。

7 对汽缸螺栓与螺母应按下列要求进行检查：

1）螺栓、螺母以及汽缸的栽丝孔的丝扣都应光滑无毛刺，螺栓与螺母的配合不宜松旷或过紧，用手应能将螺母自由拧到底，否则应研究处理。高压缸的螺栓与螺母均应有钢印标记，不得任意调换。

2）需热紧的螺母与汽缸或垫圈的接触平面，都应用涂色法检查其接触情况，要求接触均匀。

3）汽缸的栽丝螺栓的丝扣部分，应全部拧入汽缸法兰内，丝扣应低于法兰平面，栽丝螺栓与法兰平面的垂直度应符合制造厂的要求，一般不大于 0.50‰，否则应研究处理。

4）当螺母在螺栓上试紧到安装位置时，螺栓丝扣应在螺母外露出 2～3 扣。罩形螺母冷紧到安装位置时，应确认其在坚固到位后罩顶内与螺栓顶部留有 2mm 左右的间隙。引进型机组具有锥度的螺栓安装要求，应按制造厂规定进行。

5）按本规程 1.2.8 检验汽缸螺栓、螺母等部件的材质。

6）对有损伤的丝扣应进行修刮，最后还须用三角油石磨光修刮处。如需修理栽丝孔内的丝扣，应配制专用丝锥进行。

7）丝扣经检查修理后，应用颗粒度很细的耐高温粉状涂料用力涂擦，或涂以制造厂规定的润滑剂，除去多余涂料，将螺栓包好以防灰尘和磕碰。

8 滑销间隙不合格时，应进行调整。对过大的间隙允许在滑销整个接触面上进行补焊或离子喷镀，但其硬度不应低于原金属。不允许用敛挤的方法缩小滑销间隙。

9 汽缸组合应符合下列要求：

1）汽缸正式组合前，必须进行无涂料试装，各结合面的严密程度应符合要求。

2）汽缸的密封涂料，如制造厂无明确规定时，应按其工作压力和温度正确选用。

3）组合好的汽缸，其垂直结合面的螺母应在汽缸最后封闭以前进行锁紧。如用电焊锁紧，应在螺母和汽缸壁处点焊。设计要求密封焊接的部位，应同时焊好。焊接时应防止汽缸过热产生变形。

10 汽缸和轴承座的安装应符合下列要求：

4）汽缸、轴承座与台板的相对位置应满足机组运行时热膨胀的要求，在最大热膨胀的情况下，汽缸或轴承座各滑动面不应伸出台板边缘并有一定裕量。各滑动面上应涂擦耐高温的粉剂涂料，或按制造厂的规定处理。

11 汽缸的膨胀指示器的安装应牢固可靠，指示器的指示范围应满足汽缸的最大膨胀量。汽轮机启动前在冷态下应将指示器的指示最后核定并做出记录，同时记录室温。

12 下轴瓦顶轴油孔的油囊尺寸应符合图纸要求，一般深度为 0.20 ~ 0.40mm，油囊面积应为轴颈投影面积的 1.5% ~ 2.5%（较大的数值用于较大的轴径），油囊四周与轴颈应接触严密。顶轴油管管头必须牢固的埋在乌金下，并确保清洁畅通。

13 汽轮机扣大盖前应完成下列各项工作并应符合要求，且具备规定的安装记录或签证书：

1）垫铁装齐，地脚螺栓紧固；

2）台板纵横滑销、汽缸立销和猫爪横销最终间隙的测定；

3）内缸猫爪、纵横滑销和轴向定位销间隙的测定；

4）汽缸水平结合面间隙的测定；

5）汽缸的水平扬度及汽轮机转子的轴颈扬度，包括凝汽器与汽缸连接后的转子扬度的测定；

6）汽轮机转子在汽封或油挡洼窝处的中心位置确定，及各转子联轴器找中心的最终测定；

7）转子最后定位各转子联轴器法兰之间的垫片厚度记录；

8）隔板找中心；

9）汽封及通流部分间隙的测定；

10）推力轴承间隙的调整与测定；

11）汽缸内可拆卸零件的光谱复查；

12）汽缸内零部件缺陷的消除；

13）汽缸内部、管段内部以及蒸汽室内部的彻底清理，管口、仪表插座和堵头的封闭。

14 凡是受监范围的合金钢材、部件，在制造、安装或检修中更换时，必须验证其钢号，防止错用。组装后还应进行一次全面复查，确认无误，才能投入运行。

15 汽轮机大轴、叶轮、叶片等部件，必须有制造厂合格证书，在安装前应查阅制造厂提供的有关技术资料。若发现资料不全或质量有问题，应要求制造厂补检或采取相应处理措施。

16 高温螺栓安装前，应查阅制造厂出具的出厂说明书和质量保证书是否齐全，其中包括材料、热处理规范、力学性能和金相组织等技术资料。

17 对于大于或等于 M32 的高温螺栓，安装前应进行如下检查：

1）螺栓表面应光洁、平滑，不应有凹痕、裂口、锈蚀毛刺和其他引起应力集中的缺陷；

2）100%的光谱检查，高合金钢螺栓检查部位应在两端；

3）100%的硬度检查；

4）100%的无损探伤检查；

5）20Cr1Mo1VNbTiB 钢金相抽查。

18 大型铸件如汽缸、汽室、主汽门等，安装前应核对出厂证明书和质量保证书，并进行外观检查，应无裂纹、夹渣、重皮、焊瘤、铸砂和损伤缺陷等。发现裂纹时，应查明其长度、深度和分布情况，应会同制造厂等有关单位研究处理措施。

二、施工工艺流程

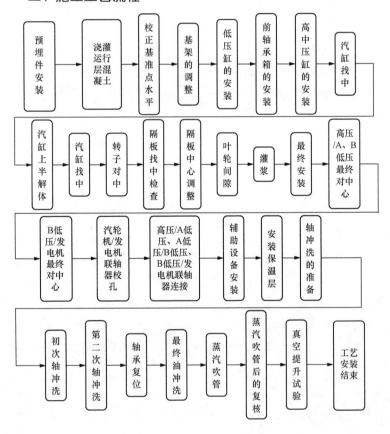

三、工艺质量控制措施

（1）轴承座与台板的相对位置在最大热膨胀情况下，轴承座各滑动面不伸出台板边缘，并有一定裕量。

（2）轴瓦两侧间隙、顶隙及轴瓦紧力应符合制造厂要求。

（3）轴承洼窝接触面应不小于 75%，且均匀。

（4）油挡上部、两侧及下部间隙使用塞尺测量应符合制造厂要求。

（5）推力瓦支撑环与瓦座接触面不小于 70%。

（6）每块推力瓦块接触面积（不含油楔部分）应不小于 75%。

（7）联轴器与罩壳最小间隙应符合制造厂要求，且满足热膨胀要求。

（8）转子轴向位移、差胀及轴振动等检测面的瓢偏和晃度应不大于 0.02mm。

（9）轴颈的椭圆度应不大于 0.02mm。

（10）联轴器端面瓢偏应不大于 0.02mm。

（11）带接长轴的轴颈油挡处径向晃度应不大于 0.10mm。

（12）联轴器法兰止口径向晃度应不大于 0.02mm。

（13）最小轴向通流间隙在转子按 K 值位置定位后，分别在半实缸及全实缸状态下顶推转子进行测量，测量结果应符合制造厂要求。

（14）上猫爪支撑外缸的临时支撑转换中，猫爪垫块承力面接触密实，0.05mm 塞尺塞入的部分不得超过全面积的 10%；转换前后汽缸中心变化一般不大于 0.02mm。

（15）联轴器中心实测高差值与制造厂要求预留值偏差应不大于 0.02mm，联轴器左右中心偏差应不大于 0.02mm，联轴器上下张口实测值与制造厂要求值偏差不大于 0.03mm，联轴器左右张口偏差不大于 0.03mm。

（16）铰孔联轴器铰孔后对应靠背轮螺栓孔径偏差符合制造

厂要求，螺栓与螺孔配合应符合制造厂要求。

（17）联轴器连接前后圆周晃度变化应不大于0.02mm，最终的晃度值要不大于0.03mm。

（18）机组最大轴振小于50μm。

四、工艺质量通病防治措施

（1）对进场的设备要按照设备特性及制造厂的要求进行妥善保管，防止损坏或丢失。

（2）组织好设备进场验收，认真做好设备开箱验收记录，发现不合格产品，要及时上报。

（3）认真阅读和学习制造厂的安装说明书和技术要求，开工前做好技术交底。严格按照制造厂的要求进行安装，达到制造工艺的再现。

（4）用TV或浸煤油（4~8h）的方法检查瓦块，乌金无脱胎现象。

（5）做好对转子的外观、锁紧件及间隙的复查工作。

（6）根据运行后转子膨胀的特性，对运行后测振元件所测转子轴颈的部位，应在安装前进行径向晃度测量。以检测是否在合格范围之内。

（7）设备安装和检测时要确保环境温度达到5℃以上。

（8）所有工器具及测量仪器应设专人看管，并保证在检测有效期内。

（9）所有测量工具在使用前和使用后都要认真检查，以确保测量数据的准确性。

（10）低压缸在安装前必须先进行拼缸组合检查，各项数据符合制造厂要求后再进行正式安装。

（11）汽缸纵横向水平及转子扬度测量时应做好标记后再将合像水平仪掉转180°测量。记录中要清楚表明测量点位置、数据及扬度方向等。

（12）混凝土浇灌前应将螺栓孔严密临时封堵，防止浇灌时将螺栓孔浇灌死。

（13）凝汽器与汽缸连接时，在每块台板上放两只百分表监视汽缸台板四角变形和位移，焊接时采用对角间断焊，当百分表变化大于 0.10mm 时，应停止焊接，待百分表示数恢复 0.10mm 以内时，再进行焊接。焊接完毕后复测两端轴颈扬度及汽缸纵横向水平，以防止焊接变形对汽缸的影响。

（14）轴系找中心和通流径向间隙测量要求在全实缸状态下进行。

（15）汽轮机扣盖工作要严格按照扣盖前检查验收表和扣盖检查验收表的要求执行。正式扣盖前应进行试扣，扣盖完成后盘动转子应均匀转动、无摩擦声。

（16）联轴器正式连接时要求每安装一件产品螺栓，都要进行一次联轴器晃度检测。控制在 0.03mm。

（17）联轴器螺栓紧固顺序正确，紧固程度采用测量螺栓伸长量、紧固力矩或液压拉伸工具油压来衡量。

（18）对滑销系统间隙要进行认真测量，符合制造厂的要求和满足膨胀热位移要求。

五、质量工艺示范图片

发电机定子吊装、汽轮机扣缸前验收、汽轮机本体保温示范图片分别见图 2-10～图 2-12。

图 2-10　发电机定子吊装

图 2-11 汽轮机扣缸前验收

图 2-12 汽轮机本体保温

第四节 汽轮机小口径管道及支吊架安装

一、相关强制性条文

1.《电力建设施工技术规范 第 5 部分：管道及系统》（DL 5190.5—2012）

> 4.1.4 合金钢管道、管件、管道附件及阀门在使用前，应逐件进行光谱复查，并做材质标记。
>
> 5.2.2 导汽管安装时管内壁应露出金属光泽且应确认管道内部无杂物。
>
> 5.6.15 合金钢螺栓不得用于火焰加热进行热紧。
>
> 5.7.9 在有热位移的管道上安装支吊架时，根部支吊点的偏移方向应与膨胀方向一致；偏移值应为冷位移值和 1/2 热位移值的矢量和。热态时，刚性吊杆倾斜值允许偏差为 3°，弹性吊杆倾斜值允许偏差为 4°。
>
> 6.3.6 化学清洗后的废液处理和排放必须符合 GB 8978《污水综合排放标准》。
>
> 6.3.11 蒸汽吹洗的临时排汽管道及系统，应由设计资质的单位设计。

2.《电力建设施工质量验收及评价规程 第 3 部分：汽轮发电机组》（DL/T 5210.3—2009）

4.4 四大管道安装

表 4.4.9-15 强制性条文执行情况检查表中的部分内容：

10 管道安装、维修改造、检验和化学清洗单位按国家或部颁有关规定实施资格许可证制度，从事管道的检验、焊接、焊后热处理、无损检测人员等，应取得相关的资格证书。

11 管道使用的金属材料质量应符合标准，有质量证明书。使用进口材料除有质量证明书外，尚需有商检合格文件。质量证明书有缺项或数据不全应按有关标准进行补检。

12 合金钢部件和管材在安装及修理改造使用时，组装前后都应进行光谱或其他方法的检验，核对钢种，防止错用。

13 管道使用国外钢材时，应选用国外规范允许使用的钢材，使范围符合相应规范，有质量证明书，并应提供该钢材的性能数据、焊接工艺、热处理工艺及其他热加工工艺文件，国内尚无使用检验的钢材，用进行有关实验和验证。

14 仓库、工地储存的金属管道材料除要做好防腐工作外，还要建立严格的质量验收、保管和领用制度。长期储存再使用时，应重新进行质量验收。

15 除设计冷拉焊口外，焊件装配时不允许强力对口，以避免产生附加应力。安装冷拉焊口使用的冷拉工具，应待整个焊口完并热处理完毕后方可拆除。

18 高压钢管弯制后，应按要求热处理和进行无损探伤。

21 合金钢管子局部进行弯制矫正时，加热温度应控制在管子的下临界温度以下。

24 焊口的局部间隙过载时，应设法修整到规定尺寸，严禁在间隙内加填塞物。

30　不得对焊接接头进行加热校正。

43　管道安装时，应及时进行支吊架的固定和调整工作。支吊架位置应正确，安装应平整、牢固，并与管子接触良好。

二、施工工艺流程

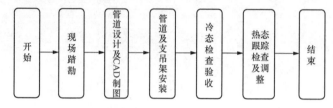

三、工艺质量控制措施

（1）小口径管道施工前设计要求。小口径管道施工前要由专业技术人员组成专门技术小组进行现场勘查，对小口径管道进行二次设计，并绘制出 CAD 图，作为今后施工指导图纸，小管道施工设计施工遵循以下原则：

1）大管子（2″或 DN50 以上）的所有要求同样适用于小口径工艺管道。

2）二次设计前应对热力系统管道的运行参数和工艺流程与工作特性有一个概括性的了解：在疏放水管安装中，不允许有违背系统要求的错装、漏装，不能将不同压力级别的疏水任意并联、串联等，布置不能妨碍主要设备及主管道的安装，小管的走向设计应贴近柱子、梁及大管，在满足介质流向要求的坡度情况下，可以采用绕行设计，将材料的消耗置于次要地位，而将不占用通道、检修场地作为设计的首选。管内介质为常温可允许地下敷设，高于常温的管道必须高于地面的布置，管子不允许半埋半露；热膨胀较长时应设计 U 形弯。

3）工艺管道的走向布置要统一有序，各阀门的布置应能方便操作和安装牢固。视现场具体情况，确定合理的走向，一般应集中布置，两个以上的阀门集中布置，布置时要求两阀门之间手柄净间距应控制在 30～50mm，布置在立管上的阀门中心高度要求，单只阀门的布置高度确定为 1200mm，两只以上都在同一根立管上或存在交错情况的，取最高和最低的阀门的中心位置距地面或平台高度应为 1200mm。

4）疏放水、放气小管道采用集中排放方式，集水箱形式、箱高统一。尽量避免使用漏斗（见图 2-13）。

5）管道支吊架设置应满足管道的自重及其保温层的重量，并合理约束管道位移，增加管系的稳定

图 2-13　汽轮机侧疏放水管道及疏水箱布置

性，防止管道在运行中振动移位。故在阀门、疏水器等其他较重的设备附近必须加装支吊架，现场安装可根据设备重量在其单侧或双侧加装支吊架。放水管道支吊架选择原则是不能限制管道的热位移，管道支吊架的间距按要求安装。小口径管道支吊架设置间距应满足表 2-1 的要求。

表 2-1　　　　　　小口径管道支吊架设置间距一览表

管子外径（mm）	建议的最大间距（m）	
	保温	不保温
25	1.1～1.5	2.6
32	1.3～1.6	3
38	1.4～1.8	3.4
44.5	1.6～2.0	3.7
57	1.8～2.5	4.2
76	2.2～2.8	4.9
89	2.4～3.7	5.3
108	3.2～4.4	6.3

6）工艺管道中的疏水管安装要有一定的坡度（2/1000～4/1000）以便疏水。疏水进入母管应设顺流向斜三通，进入膨胀箱的进水母管应考虑先后顺序，压力稍低或有较大阻力压降的靠近膨胀箱入口；相同介质压力的疏水小管可以集中布置设计，按区域布置一个集箱或疏水箱，再以一根母管的形式疏向下一个系统，去集箱或疏水箱的支管应保证弯曲转向时，起弧点一致并排列在一条中线上，并尽可能对称布置，疏水箱应保证不向大气排放气；汽水集箱及疏水箱制作要统一，并保证有充足的容积，母管要经过计算，保证介质流动舒畅，走向合理。

7）管道设计安装必须考虑管道挠度及膨胀量吸收问题，可考虑管线的自然走向利用小弯管达到热胀自补偿。小口径管道设计当中应按此公式考虑膨胀 $\Delta L = \alpha \times \Delta T \times L$，式中：$\alpha$ 为管材的线膨胀系数（金属管道的膨胀系数为每升高 100℃膨胀 2mm），mm/（m·℃）；ΔT 为管道工作温度与安装时环境温度之差，℃；L 为管段长度，m。

图 2-14　汽轮机侧热力疏水管道

8）采用 CAD 绘制工艺管道施工图，作为小口径管道施工图（见图 2-14）。

9）小口径管道（取样、加药、热工取源小管道等）采用套接接头。

（2）小口径管道施工过程工艺要求。

1）合金钢的材料应逐件进行光谱复查，并做出材质标记，合金管材下料后，标识应及时移植。

2）工艺管道下料应机械切割，不得用火焊切割。

3）严禁在高压管道上用火焊开孔，一般应用机械方法（如采用空心磁力钻钻孔等）。

4）管道的安装要做到工艺美观、横平竖直，走向合理简便，成排管间距均匀（见图2-15）。

5）管道安装工作如有间断，用手电筒检查后应及时封闭管口。

（3）支吊架安装施工过程工艺要求。

1）导向支架和滑动支架的滑

图 2-15 阀门集中布置

动面应平滑洁净，各活动零件与其支承件应接触良好，以保证管道能自由膨胀。

2）弹簧支吊架弹簧的外观应无缺陷，弹簧的压缩值应符合设计要求。

3）管道安装时应及时进行支吊架的安装工作。

4）制作支吊架的小型型钢应用剪冲机和砂轮切割机下料。

5）在数条平行管道布置中，其托架可共同，但吊杆不得吊装热位移方向相反或热位移值不等的多条管道。

6）吊杆的安装不允许搭接。

7）支吊架弹簧应在系统安装结束且保温后方可拆除临时固定件，并按设计调整弹簧。

8）支吊架安装完成后进行冷态检查验收。

四、工艺质量通病防治措施

（1）管道施工中材料混用，给将来运行带来隐患。防范措施：材料领用后进行认真清点、检查，并核对到货型号、规格是否符合设计要求，挂牌明确标示，必要时钢印打码标注，合金钢材料使用前进行光谱分析检验，并统一用黄色油漆标示，管材全线间断涂漆，统一保管，合金管道下料后，标识应及时移植；施工前施工人员将管材、管件及附件必须逐件正确测量，并做好记录提交专职技术管理人员存档。

（2）管道施工的布置和设计不符合规范。

1）管道规划不同步、不规范。机组小口径管道非同期、区域性施工布置，蒸汽、油、氢、水系统不分混排现象。

2）盲目过度集中布置，系统维护、检查、处理不能便捷，热力系统没有预留膨胀弯，热力疏放水地埋，保温空间不足。

3）排型管道间距过大、过小，管道倒坡、U形现象。

防范措施：

1）施工处技术人员要针对区域将小口径管道进行统一的二次的策划和布置设计，合理布局，要有疏水坡度，不影响通道，操作方便，排管、阀门站、集装装置等统一布置，成立专门质检小组对施工布置进行监督检查，严禁施工人员随意布局施工。

2）对于热力系统疏放水管道、阀门不得地埋，管道安装必须考虑管道膨胀，必要时设定膨胀弯，疏、放水管道集中到正确的母管和放水槽，统一排放地沟和放水母管，严禁随意排入工业管沟、电缆沟道，地埋管道必须预先防腐处理。

（3）管道支吊架工艺粗糙。防范措施：

1）吊架应尽可能在工厂进行加工制造，其孔眼必须用机械加工。

2）禁止在现场按照预埋铁件的位置，逐个测量标高后使用接长吊架补焊的办法施工吊架。

3）管道上吊架应在管件全部找正和临时固定后，再行逐个焊接，保持管道吊点受力均匀。

4）吊架中间调整螺栓，必须处于同一标高和同一方向，以利工艺美观，检修方便。

5）吊架应一起油漆，保持颜色一致。

6）吊架受力焊缝，应按焊接规范规定进行无损探伤的抽检。

7）吊架的垂直度，必须在两个方向予以保持，其度量工具应有足够长度，吊杆中间接头不得弯曲。

8）吊架接头不得采用搭接焊，宜使用绑条焊，接头工件应使用机械切割。

9）应防止现场火焊处置吊架过程中退火而降低金属的强度。

10）小口径管道的支吊架的设计应符合规范要求，根部采用6、8、10号轻型槽钢或∟50、∟30mm的花角钢，且管道支吊架的间距必须符合规范要求。对于 $D_N \leqslant 25mm$ 小口径管道的4路以上排管安装时，支吊架根部必须采用与排管同步的框架式结构固定形式。

11）管道的U形卡支架上孔眼应采用机械加工工艺，不得用火焊切割。

（4）固定支架不平整。防范措施：

1）固定面一般应在管段上同一个直线段找正，然后固定焊接。

2）固定支架的底座，应在水平、垂直面找正后再加垫铁（若尺寸大，要用型钢），垫实后点焊，在支架底座上面点焊数量一般不得少于4点，以消除焊接应力。

3）固定支架除在管路同方向找平外，垂直方向也应使用水平尺找正。切割的铁件一律要进行打磨。

4）支架找正中，应根据施工温度和使用温度不同，按设计要求调整其位移，调整后才能消除线膨胀系数不同的内应力。

5）与管路焊接的固定支架，其焊接工作应按管材焊接工艺要求进行施工。

（5）滑动支架卡涩。防范措施：

1）滑动支架找正中，应根据施工温度和使用温度不同，按设计要求调整其位移，调整后才能消除线膨胀系数不同的内应力。

2）滑动面和管道支托的接触面应平整，相互接触面积应在设计面积75%以上（在焊接下固定座中应予注意）。

3）弹簧变形应逐个进行检查，保证同一管线支架的变形误差在5%以内。

4）滑动支架注油工作，其油料在施工温度和使用温度两种条件下都应满足功能要求。

5）在管道温升后以及停机时最不利的温度条件下，都要保证支架滑动自如。

6）滑动支架底座，应有足够的强度。

五、质量工艺示范图片

管道穿楼板、辅助蒸汽疏水阀门站安装工艺、小口径管道排列工艺示范图片分别见图2-16～图2-18。

图2-16　管道穿楼板

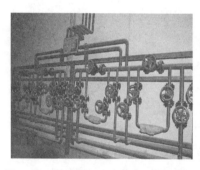

图2-17　辅助蒸汽疏水阀门站安装工艺

图2-18　小口径管道排列工艺

第五节　汽轮机油水系统跑、冒、滴、漏控制

一、相关强制性条文

1.《电力建设施工技术规范　第5部分：管道及系统》（DL 5190.5—2012）

4.1.4　合金钢管道、管件、管道附件及阀门在使用前，应逐件进行光谱复查，并做材质标记。

5.2.2　导汽管安装时管内壁应露出金属光泽且应确认管道内部无杂物。

5.6.15　合金钢螺栓不得用于火焰加热进行热紧。

5.7.9　在有热位移的管道上安装支吊架时,根部支吊点的偏移方向应与膨胀方向一致;偏移值应为冷位移值和 1/2 热位移值的矢量和。热态时,刚性吊杆倾斜值允许偏差为 3°,弹性吊杆倾斜值允许偏差为 4°。

6.3.6　化学清洗后的废液处理和排放必须符合 GB 8978《污水综合排放标准》。

6.3.11　蒸汽吹洗的临时排汽管道及系统,应由设计资质的单位设计。

2.《电力建设施工质量验收及评价规程　第 3 部分: 汽轮发电机组》(DL/T 5210.3—2009)

4.4　四大管道安装

表 4.4.9-15 强制性条文执行情况检查表中的部分内容:

10　管道安装、维修改造、检验和化学清洗单位按国家或部颁有关规定实施资格许可证制度,从事管道的检验、焊接、焊后热处理、无损检测人员等,应取得相关的资格证书。

11　管道使用的金属材料质量应符合标准,有质量证明书。使用进口材料除有质量证明书外,尚需有商检合格文件。质量证明书有缺项或数据不全应按有关标准进行补检。

12　合金钢部件和管材在安装及修理改造使用时,组装前后都应进行光谱或其他方法的检验,核对钢种,防止错用。

13　管道使用国外钢材时,应选用国外规范允许使用的钢材,使范围符合相应规范,有质量证明书,并应提供该钢材的性能数据、焊接工艺、热处理工艺及其他热加工工艺文件,国内尚无使用检验的钢材,用进行有关实验和验证。

19　锻造管件和管道附件的表面过渡区应圆滑过渡。经机械加工后，表面不得有裂纹等影响强度和严密性的缺陷。

20　高压焊制三通应符合下列要求：

1）三通制作及加固形式应符合设计图纸规定，加固用料宜采用与三通本体相同牌号的钢材；

3）按钢材牌号要求做的热处理经过检查应合格。

21　合金钢管子局部进行弯度校正时，加热温度应控制在管子的下临界温度以下。

35　用于高压管道的中、低合金钢管子应进行不少于3个断面的测厚检验，并做记录。

39　阀门解体复装后应做严密性试验。

40　根据设计图纸在管道上应开的孔洞，宜在管子安装前开好。开孔后必须将内部清理干净，不得遗留钻屑或其他杂物。

41　埋地钢管的防腐层应在安装前做好，焊缝部位未经检验合格不得防腐，在运输和安装时应防止损坏防腐层。被损坏的防腐层应予以修补。

45　管道系统水压试验时，当压力达到试验压力后应保持10min，然后降至设计压力，对所有接头和连接处进行全面检查。整个管路系统除了泵或阀门填料局部地方外均不得有渗水或泄漏的痕迹，且目测无变形。

二、施工工艺流程

三、工艺质量控制要求

（1）机械设备安装前要清除其内部铸砂、锈皮、油漆及其他杂物。

（2）管道和设备接口之前应先清理后接口，严禁遗留任何工器具和杂物。

（3）机械设备就位安装后，所有孔洞应临时封固，防止杂物进入。

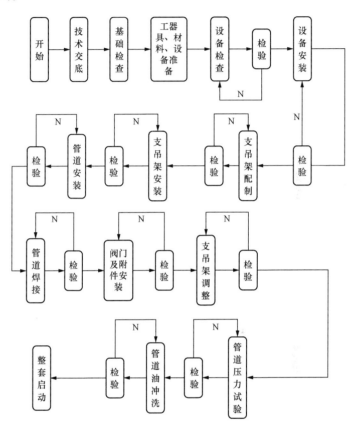

（4）管道安装前应尽可能将所有孔开完后，然后进行技术规定的清洗（如酸洗、喷砂等），再用干燥的压缩空气将管内吹扫干净，最后加堵（见图2-19）。

（5）管道坡口应机加工或角向砂轮机打磨成形，焊口两侧焊前应按规定清理干净。

（6）对口焊要采用氩弧焊打

图 2-19　管道施工过程管口封堵工艺

底的焊接工艺，对口前管内杂物应清理干净。

（7）安装过程中，注意随时封闭焊口、开孔等，保持管内清洁。

（8）管道安装结束后要严格按照图纸要求进行冲洗和水压试验。

四、工艺质量通病防治措施

（1）管道系统安装材料管材不合格造成跑、冒、滴、漏的发生。防范措施：管材到现场后进行严格报验制度，不合格产品禁止使用。

（2）管道施工及管道附件连接不符合规范，强制连接，管道法兰连接使用不合格垫片及法兰螺栓紧固力矩不足、漏紧、紧固偏斜等原因造成跑、冒、滴、漏的发生。防范措施：

1）对于油系统统一使用质量合格的聚四氟乙烯垫片。

2）对于汽、水的系统法兰垫片统一使用质量合格的加强型金属石墨缠绕垫片。

3）管道法兰安装控制：

a. 法兰要采用统一典型管道设计的要求，法兰与反法兰的外径、厚度、孔中心距等要一致。法兰安装前，仔细检查法兰密封面及垫片，不能有影响密封性能的划痕等缺陷。

b. 连接法兰的螺栓能在螺栓孔中顺利通过，法兰密封面的平行偏差及间距符合规范要求。

c. 管道法兰连接螺栓紧固时必须按照对角紧固法，要求紧固时按照初紧、终紧进行紧固，螺栓穿装方向一致，螺栓紧固结束后，螺栓要露出螺母2～3扣。螺栓紧固结束后，按顺序一次检查螺栓紧固情况，杜绝螺栓漏紧。

d. 管道法兰与设备法兰连接时，应先检查设备接口处是否平整，如不平整使用小平板对其进行研磨，与其连接的法兰也要进行检查。

e. 垫片使用严格按设计图进行，不得混用，垫片周边应整齐，尺寸与法兰密封面相符，安装垫片时，要使垫片与法兰同心，防止垫片插入管子内部，法兰垫片加装要端正，防止偏斜。

f. 管道法兰连接时，不得用强力对口、加偏垫或加多层垫等方法来消除接口端面的偏斜、空隙、错口等缺陷（见图 2-20）。

图 2-20　阀门法兰安装

（3）管道与设备连接控制：

1）转动设备配管时，先从转动设备侧开始安装，首先安装管道支架或者先做好临时支架。防止管道和阀门等的重量和附加力矩作用在机器设备上。

2）管道与设备连接时，其固定焊口要远离设备。

3）管道安装完毕后，拆开设备进出口法兰螺栓，在自由状态下螺栓能自由从螺栓孔中穿过，检查法兰密封面间的平行度、同轴度及间距，符合规范要求。

（4）阀门质量、检验及阀门安装不正确造成系统跑、冒、滴、漏发生。防范措施：

1）阀门安装应选符合设计要求，填料选择正确并且正确安装。

2）各种国产阀门，除制造厂家有特殊规定外，在安装前均要进行解体检查，阀门解体需检查阀门阀杆是否腐蚀，开关是否灵活，指示是否正确，外观是否有制造缺陷，对不合格阀门严禁使用。

3）阀门解体复装后应做严密性试验。用于中压、高压管道的阀门应逐个进行严密性试验，试验应按 1.25 倍铭牌压力的水压进行。为了机组达标创优，低压阀门 100%进行水压实验，试压不合格者解体研磨。

4）对安全门或公称压力小于或等于 0.6MPa 且公称通径大于或等于 800mm 的阀门可采用着色法对其阀芯密封面进行严密性

检查，对于公称通径大于或等于 600mm 的大口径焊接阀门，可采用渗油或渗水法代替水压试验。

5）阀门安装前应清理干净，保持关闭状态。安装和搬运阀门时，不得以手轮作为起吊点，且不得随意转动手轮。

6）截止阀、止回阀及节流阀应按设计规定正确安装。当阀壳上无流向标志时，应按以下原则确定：

a．截止阀和止回阀：介质应由阀瓣下方向上流动。

b．单座式节流阀：介质由阀瓣下方向上流动。

c．双座式节流阀：以关闭状态下能看见阀芯一侧为介质的入口侧。

7）所有阀门应连接自然，不得强力对接或承受外加重力负荷。法兰周围紧力应均匀，以防止由于附加应力而损坏阀门。

8）法兰或螺纹连接的阀门应在关闭下安装。

9）对焊阀门与管道连接应在相邻焊口热处理后进行，焊缝底层应采取氩弧焊，保证内部清洁，焊接时阀门不宜关闭，防止过热变形。

10）阀门安装前，要求管道内部要清理干净，不能有锈皮、焊渣，防止试运时杂物残留在阀门密封接合面处，造成内漏。在冲洗系统时，阀门要全开全关，防止堵塞杂物。

11）高温高压阀门在工作介质升温过程中，密封填料要进行热紧。

（5）管道系统接头连接不良造成系统渗漏发生。防范措施：

1）对于采用螺纹密封的接头，可将螺纹松开后，缠上适量的生料带并加螺纹胶紧固。

2）对于采用垫片或密封圈密封的接头，要将接头打开检查是否有垫片或密封圈，并检查其是否损坏。对于采用紫铜垫的接头，紫铜垫要退火方可使用。对于采用 O 形圈的接头，要检查 O 形圈的大小、粗细、材料是否合适，不合适的要予以更换或严禁使用。

3）对于采用密封线密封的接头，要将接头打开后涂色检查密封线的接触情况，密封线要求连续、均匀且有一定宽度，如不能达到要求，要研磨合格后方可使用。

（6）设备质量问题，造成跑、冒、滴、漏的发生。防范措施：

1）现场所有油系统油箱到厂安装前一定按规范要求进行油箱的 24h 浸水检验。

2）进入现场的换热器、压力容器，按规范要求进行水压（或气压）试验（不包括厂家承诺的压力容器）。

3）对油箱内部管道法兰全部进行解体检查，并将设备所带垫片更换成质量合格的聚四氟乙烯垫片，法兰螺栓紧固力度相同，法兰四周间隙均匀，无偏斜。

4）对设备上的法兰及其他接头，尤其带螺纹的接头进行检查，对有松动的及时紧固处理。

5）控制转动部分动静间隙，如盘根、机械密封等部位，做到排放部分通畅。

6）管接头正确选择密封材料（密封带、麻线、铅油、紫铜垫等），接头紧固，受力均匀适当。

五、质量工艺示范图片

疏水箱安装、真空泵安装示范图片分别见图 2-21、图 2-22。

图 2-21　疏水箱安装　　　　图 2-22　真空泵安装

第六节　汽轮机油系统清洁度

一、相关强制性条文

1.《电力建设施工技术规范 第 3 部分：汽轮发电机组》（DL 5190.3—2012）

6.1.5　油管道阀门的检查与安装应符合下列规定：

1　阀门应为钢质明杆阀门，不得采用反向阀门且开关方向有明确标识。

2　阀门门杆应水平或向下布置。

3　事故放油管应设两道手动阀门。事故放油门与油箱的距离应大于 5m，并应有两个以上通道。事故放油门手轮应设玻璃保护罩且有明显标识，不得上锁。

4　减压阀、溢油阀、过压阀、止回阀等特殊阀门，应按制造厂技术文件要求，检查其各部间隙、行程、尺寸并记录，阀门应做严密性检查。

5　阀杆盘根宜采用聚四氟乙烯碗形密封垫。

6.1.6　油管内壁必须彻底清扫，不得有焊渣、锈污、纤维和水分，油管清扫封闭后，不得在上面钻孔、气割或焊接，否则应重新清理、检查并封闭。

6.7.5　油箱的事故排油管应接至事故排油坑，系统注油前应安装完毕并确认畅通。

2.《电力建设施工质量验收及评价规程 第 3 部分：汽轮发电机组》（DL/T 5210.3—2009）

表 4.5.7 调节和润滑油系统设备安装分部工程强制性条文中的部分内容：

1　危急遮断器的喷油试验装置的安装应符合下列要求：

（1）喷油管应清洁畅通，与危急遮断器的进油室应对正，并注意检查在转子最大胀差范围内，其相对位置仍能满足试验要求，喷嘴与进油室的间隙应符合要求。

（2）用试验拉杆控制脱扣杠杆及喷油滑阀的系统，在危急遮断器、危急遮断油门、脱扣杠杆及试验拉杆安装定位后，应试动作并符合下列要求：

①试验拉杆应能准确地控制与飞锤相应的危急遮断油门的断开或投入，以及喷油滑阀的相应通油或断油，且指示正确；

②控制销应能可靠地固定住试验拉杆的位置。

（3）直接用危急遮断试验油门进行充油试验的系统，应试动作并符合下列要求：

①试验滑阀旋转方向的指示及油路的切换，都应与危急遮断器的试验顺序核对无误；

②不进行充油试验时，指示销钉应能可靠地防止试验滑阀转动或拉动。

2 危急遮断指示器的安装应符合下列要求：

（1）机械杠杆式指示器的触头、电指示的发讯器与危急遮断器之间的间隙应符合图纸的规定；

（2）用安全油顶起活塞及弹簧的指示器，其活塞及指示器杆应动作灵活、无卡涩，安全油管应严密不漏，并清洁畅通。

3 轴向位移及差胀保护装置的脉冲元件（发送器及喷油嘴等）的安装调整，应在汽轮机推力轴承位置及间隙确定后进行，脉冲元件相对于汽轮机转子零位的位置应符合制造厂规定。

4 手动危急遮断装置的手柄应有保护罩，定位弹子应能将滑阀位置正确定位。

5 磁力断路油门及电超速保护装置的滑阀应动作灵活且不松旷，滑阀上的空气孔应畅通，铁芯和滑阀的连接应牢固。

6 汽轮机各项保护装置安装完毕后提交验收时，应具备下

列安装技术记录:

（1）危急遮断器固定弹簧紧力的螺母位置记录;

（2）危急遮断器脱扣杠杆与飞锤或偏心环之间的间隙记录;

（3）液压式轴向位移保护装置的喷油嘴与主轴凸缘的间隙记录。

7 油管清扫封闭后,不得再在上面钻孔、气割或焊接,否则必须重新清理、检查和封闭。

8 各类管道应按照设计图纸施工,如需修改设计或采用代用材料时,必须提请设计单位按有关制度办理。

9 埋地钢管的防腐层应在安装前做好,焊缝部位未经检验合格不得防腐,在运输和安装时应防止损坏防腐层。被损坏的防腐层应予以修补。

二、施工工艺流程

1. 润滑油工艺

见 119 页流程图。

2. 抗燃油工艺

见 120 页流程图。

三、工艺质量控制措施

（1）机械设备安装前要清除其内部铸砂、锈皮、油漆及其他杂物。

（2）油管管材、管件内壁彻底清理,无锈污、尘土及杂物。

（3）法兰结合面垫料材质要耐油、耐高温,不能使用塑料或胶皮。

（4）管道和设备接口之前应先清理后接口,严禁遗留任何工器具和杂物。

（5）回油管道坡度符合图纸要求,一般应为 3%～5%。

（6）管道安装前应尽可能将所有孔开完后,然后进行技术规定的清洗（如酸洗、喷砂等），再用干燥的压缩空气将管内吹扫干净，最后加堵。

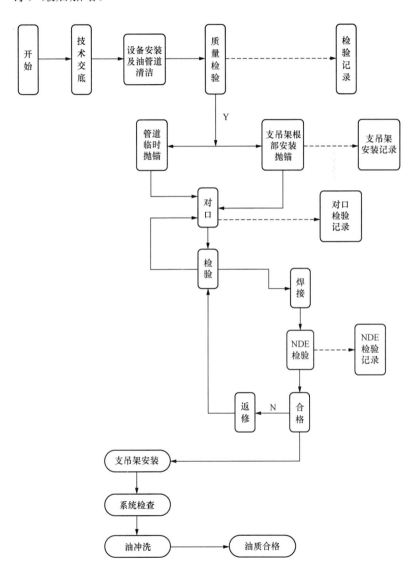

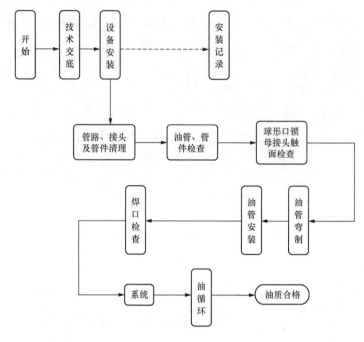

（7）管道坡口应机加工或角向砂轮机打磨成形，焊口两侧焊前应按规定清理干净。

（8）对口焊要采用氩弧焊打底的焊接工艺，对口前管内杂物应清理干净。

（9）安装过程中，注意随时封闭焊口、开孔等，保持管内清洁。

四、工艺质量通病防治措施

（1）系统设备制造出厂时自带的问题，油系统设备及管道在制造过程中，由于质量控制不力的原因，在油系统设备及管道内残留一些铁屑、毛刺、油污、泥土、焊渣、型砂、油漆、氧化皮等杂物，甚至有些设备变形及管道强力对口等现象。防范措施：

1）对到场的设备安装前，必须进行解体检查并清理，对无法看到部位采用内窥镜检查，发现杂物及时清理，尤其对汽轮机轴承油道，轴承箱内部管道、轴承箱等部位重点清理。

2）对主油箱及其内部管道解体检查、清理，用压缩空气吹扫干净后重新安装，要检查垫片或密封圈是否完好。对于采用紫铜垫的接头，紫铜垫要退火方可使用。安装结束后须彻底清理设备及系统内部，避免残留杂物。

3）对密封油装置设备解体检查、清理，检查密封油装置上所有接头，所有仪表信号管要参与油循环，加长油循环时间，使设备冲洗干净彻底。

（2）管道二次污染。防范措施：

1）管道到达现场，及时检查管道材质（包括管道内壁、法兰密封面、螺栓螺母和垫片等），并索要各种证件。如发现缺陷及时处理，达不到标准要求的坚决退货。

2）进入安装现场的管路应设专门场地腾空堆放，堆放处要求场地无积水，管口应采取临时封闭措施。

3）管子安装时管内应清洁无杂物，管道安装工作如有间断，应及时封闭管口（见图2-23）。

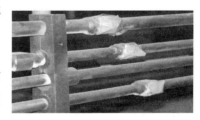

4）管路与设备的最终接口前应将管路清理干净，并注意安装时勿带入杂质。

5）管子采用机械或专用工具

图 2-23　管道封口

切割下料，切口打磨平整，不留铁屑。现场打磨坡口时，应用白布堵塞管口内部，以防飞溅物进入管内。

6）对材质为不锈钢的油管，需用绸布及酒精进行清理，清理后用洁净干燥无油压缩空气吹扫，直至管道内无任何细颗粒状、屑状杂质为止，要求每一根油管都必须在确认清洁的情况下才能进行焊接。

7）严禁用围丝等纤维性材料擦拭管路，严禁对接通后的管路进行气割、钻孔。

8）油管道应 100%采用氩弧焊接。

9）系统管道上的热工测点、三通制作、开孔焊接等工作，应在预组装阶段同步完成，在酸洗或最后清扫时将内部清扫干净。预组装后应组织汽轮机和热工专业技术人员对系统布置的正确性和完整性进行确认，防止发生遗漏和无法避开的交叉。

10）管道最后安装时应派专人监护，检查油管组件内的清洁度，每个组件在安装前必须对已安装的前一组件和待安装组件内部的清洁度进行确认，并办理签证后方可对口焊接。

11）系统中的各类阀门在油管道最终安装前送交检修，阀门填料建议使用柔性好且不易掉沫的聚四氟乙烯盘根。法兰垫料统一使用质量合格的聚四氟乙烯垫片。

12）在管路的布置上必须避免出现油流死角区，尤其是无布置图的小口径管道，必须设计合理，便于冲洗，对部分油冲洗不到的部位，增设法兰以便于检查和清理（见图 2-24）。

图 2-24 小口径管道布置

13）油系统管道弯头全部使用热压弯头。

（3）油系统循环没有达到预期效果。防范措施（润滑油、密封油）：

1）油系统正式投运前必须要有完善的、切实可行的技术措施来进行油循环冲洗和过滤，循环冲洗结束后使油质达到标准要求，确保符合设备运行要求。油循环中应对系统分段进行冲洗，分阶段投入各系统、各部套，确保无遗漏、无死角，以避免杂物进入系统的重要部件。在系统全部充油前，先进行主油箱，冷油器，脏、净油箱，油净化装置的冲洗，直至设备本身冲洗合格。

2）油系统中加装临时滤网或磁棒，清除油中的颗粒物和铁磁性物质。一般在每一个轴承的进油管上分别加装临时滤网（其面积稍大于进油管面积，其孔径小于油系统原设计滤网的孔径），以防油中的颗粒物进入轴承，有油循环期间要经常检查、清理或更换滤网，防止滤网堵塞或损坏；磁棒一般装置在油箱及各轴承箱中，用以吸附油中的铁屑、锈皮等杂质。主油箱与轴承座的磁棒，应合理布置，并定期进行清理，清理时停止现场其他工作，以防止二次污染。

3）采取升降油温并击打管道等措施，提高油冲洗效果。用电加热器将油温升至65℃左右，再自然冷却到环境温度，如此反复多次，利用温度交变，使黏附在油箱、管道和设备内壁上的氧化物等杂质松动、脱落，同时击打管道加快杂质剥离、流动，以提高冲洗效果。

4）油循环冲洗过程中要有足够的油流量（正常运行的油流量），保证系统得到充分的冲洗以带走杂质，油循环期间要经常采样化验分析，待油质完全符合标准要求后才可将油倒入正常的系统中运行。管道弯头、接口和设备内拐角是杂质的集中处，因此对系统中的弯头和死角等处更要认真检查，彻底清理系统内残留的杂质；还要防止外来因素的影响，如周围环境的灰、水以及雨、雪等杂质进入油系统中污染油质。

5）为提高工作效率、缩短滤油时间并提高油质，需配置高精度滤油机，利用大流量冲洗装置代替润滑油泵进行整个油系统的体外冲洗。

6）发电机密封油系统短路冲洗，油质必须达到NAS7级后方可进入正式系统。密封油的差压阀、平衡阀的油压信号管、所有仪表的信号管都必须进行油循环。

7）顶轴油系统冲洗，在翻瓦冲洗轴承箱的过程中，由于各瓦顶轴油管没有与轴瓦连接，此时开启顶轴油泵对各管道进行冲洗，同时检查各瓦油管有无堵塞。冲洗过程中不断清理顶轴油泵入口滤网。

8）防止运行中补油造成的二次污染，必须在脏、净油箱内存有一定数量的备用油一起参加冲洗循环。

9）油系统循环过程中不遗漏死角，并确保油循环过程中所有滤网投用。

10）润滑密封油冲洗合格后，进行体内油循环，拆除临时管，恢复正式系统，利用高精度滤油机进行精滤，使油质不低于NAS7级（见图 2-25）。防范措施（抗燃油）：

图 2-25　密封油管道冲洗

11）进行系统检查，装油器具内部清洁。

12）循环冲洗压力符合制造要求。

13）循环冲洗油温控制在 54～60℃之间。

14）磁性钢棒清洁，无颗粒。

15）油质达到 NAS5 级以上。

五、质量工艺示范图片

油系统管道、油系统冲洗、油系统标识清楚、润滑油管道冲洗示范图片分别见图 2-26～图 2-29。

图 2-26　油系统管道

图 2-27　油系统冲洗

图 2-28　油系统标识清楚　　　　　图 2-29　润滑油管道冲洗

第三章

焊 接 部 分

第一节　9%～12%Cr 马氏体型耐热钢焊接

一、相关强制性条文

1.《火力发电厂焊接技术规程》（DL/T 869—2012）

> 3.3.1.1　钢材材质应符合设计选用标准的规定，进口钢材应符合合同规定的技术条件。钢材应附有材质合格证书。
>
> 3.3.1.3　钢材的采购、验收、入库技术条件应符合 GB 713、GB 5310 等相关规程的规定。
>
> 3.3.1.4　未经验收的钢材不得使用。对钢材材质有怀疑时，应按照该钢材批号进行化学成分和力学性能检验。
>
> 3.3.2.7　首次使用的新型焊接材料应由供应商提供该材料熔敷金属的化学成分、力学性能（含常、高温）、AC_1、指导性焊接及热处理工艺参数等技术资料，经过焊接工艺评定后方可在工程中使用。
>
> 4.1.1.1　锅炉受热面管子焊口，其中心线距离管子弯曲起点或集箱外壁或支架边缘至少 70mm，同根管子两个对接焊口间距离不得小于 150mm。
>
> 4.1.1.2　管道对接焊口，其中心线距离管道弯曲起点不小于管道外径，且不小于 100mm（定型管件除外），距支、吊架边缘不小于 50mm。同管道两个对接焊口间距离一般不得小于

150mm，当管道公称直径大于 500mm 时，同管道两个对接焊口间距离不得小于 500mm。

4.1.1.5　管孔应尽量避免开在焊缝上，并避免管孔接管焊缝与相邻焊缝的热影响区重合。必须在焊缝上或焊缝附近开孔时，应满足以下条件：

a）管孔周围大于孔径且不小于 60mm 范围内的焊缝，应经无损检验合格；

b）孔边不在焊缝缺陷上；

c）管接头需经过焊后消应力热处理。

4.1.3　焊件组对的局部间隙过大时，应设法修整到规定尺寸，不应在间隙内加填塞物。

4.1.4　焊件组对时应将待焊件垫置牢固，防止在焊接和热处理过程中产生变形和附加应力。

4.1.5　除设计规定的冷拉焊口外，其余焊口不应强力组对，不应采用热膨胀法组对。

4.2.1　焊接接头的形式应按照设计文件的规定选用，焊缝坡口应按照设计图纸加工。如无规定时，焊接接头形式和焊缝坡口尺寸应按照能保证焊接质量、填充金属量少、减少焊接应力和变形、改善劳动条件、便于操作、适应无损检测要求等原则选用。

4.2.2　焊件下料与坡口加工应符合下列要求：

a）焊件下料与坡口制备宜采用机械加工的方法。

b）如采用热加工方法（如火焰切割、等离子切割、碳弧气刨）下料，切口部分应留有不小于 5mm 的机械加工裕量。

4.2.3　焊件经下料和坡口加工后应按照下列要求进行检查，合格后方可组对：

a）淬硬倾向较大的钢材，如经过热加工方法下料，坡口加工后要经表面探伤检测合格。

b）坡口内及边缘 20mm 内母材无裂纹、重皮、坡口破损及毛刺等缺陷。

c）坡口尺寸符合图纸要求。

4.2.4 管道（管子）管口端面应与管道中心线垂直。其偏斜度Δf不应超过表1规定。

表1 管子端面与管中心线的偏斜度要求

图例	管子外径 mm	Δf mm
	≤60 >60～159 >159～219 >219	0.5 1 1.5 2

4.3.1 焊件在组对前应将坡口表面及附近母材（内、外壁或正、反面）的油、漆、垢、锈等清理干净，直至发出金属光泽，清理范围如下：

a）对接焊缝：坡口每侧各为（10～15）mm。

4.3.2 焊件组对时一般应做到内壁（根部）齐平，如有错口，其错口值不应超过下列限值：

a）对接单面焊的局部错口值不应超过壁厚的 10%，且不大于 1mm。

4.3.3 焊件组对时，其坡口形式及尺寸宜符合表2的要求，或参考现行国家标准 GB/T 985.1 和 GB/T 985.2 的规定制备。公称直径大于500mm的管道组对间隙局部超差不应超过2mm，且总长度不应超过焊缝总长度的20%。

5.1.1 允许进行焊接操作的最低环境温度因钢材不同分别为：

A-Ⅰ类为−10℃；A-Ⅱ、A-Ⅲ、CB-Ⅰ类为 0℃；B-Ⅱ、B-Ⅲ为5℃；C类不作规定。

5.3.2 除非确有办法防止焊道根层氧化或过烧，合金含量较高的耐热钢（铬含量不小于3%或合金总含量大于5%）管子和管道对接焊接时内壁必须充氩气或混合气体保护，并确认保护有效。

5.3.3 严禁在被焊工件表面引燃电弧、试验电流或随意焊接临时支撑物，高合金钢材料表面不得焊接对口用卡具。

5.3.4 焊接时，管子或管道内不应有穿堂风。

5.3.5 定位焊时，除焊工、焊接材料、预热温度和焊接工艺等应与正式施焊时相同外，还应满足下列要求：

a）在坡口根部采用焊缝定位时，焊后应检查各个定位焊点质量，如有缺陷应立即清除，重新进行定位焊。

b）厚壁大口径管若采用临时定位焊定位，定位焊件应采用同种材料；采用其他钢材做定位焊件时，应堆敷过渡层，堆敷材料应与正式焊接相同且堆敷厚度应不小于5mm。当去除定位件时，不应损伤母材，应将残留焊疤清除干净、打磨修整。

5.3.11 施焊过程除工艺和检验上要求分次焊接外，应连续完成。若被迫中断时，应采取防止裂纹产生的措施（如后热、缓冷、保温等）。再焊时，应仔细检查并确认无裂纹后，方可按照工艺继续施焊。

5.3.13 对需做检验的隐蔽焊缝，应经检验合格后，方可进行其他工序。

5.3.14 焊口焊完后应进行清理，经自检合格后做出可追溯的永久性标识。

5.3.15 焊接接头有超过标准的缺陷时，可采取挖补方式返修。但同一位置上的挖补次数一般不得超过三次，耐热钢不得超过两次，并应遵守下列规定：

a）彻底清除缺陷；

b）补焊时，应制定具体的补焊措施并按照工艺要求实施；

c）需进行热处理的焊接接头，返修后应重做热处理。

5.3.16 安装管道冷拉口所使用的加载工具,需待整个对口焊接和热处理完毕后方可卸载。

5.3.17 不得对焊接接头进行加热校正。

6.1.4 外观检查不合格的焊缝,不允许进行其他项目检验;

6.3.4 对同一焊接接头同时采用射线和超声波两种方法进行检验时,均应合格。

7.1.4 管子、管道的外壁错口值不得超过以下规定:

a)锅炉受热面管子:外壁错口值不大于 10%壁厚,且不大于 1mm;

b)其他管道:外壁错口值不大于 10%壁厚,且不大于 4mm。

7.4.1 焊缝金相组织合格标准是:

a)没有裂纹;

b)没有过烧组织;

c)没有淬硬的马氏体组织。

F.1.1 本标准所称 9%～12%Cr 马氏体型耐热钢包括:符合 GB 5310 规定的 10Cr9Mo1VNbN、10Cr9MoW2VNbBN、11Cr9Mo1W1VNbBN、10Cr11MoW2VNbCu1BN 等钢。

注:符合 ASME 规定的 T/P91、T/P92、T/P911、T/P122 钢等同执行。

F.1.2 当采用等离子切割方法加工坡口时,应预留不少于 5mm 的加工余量。切割后须用机械方法去除污染层(不应对管子进行退火处理),并对坡口表面进行渗透或磁粉检测。

F.1.3 熔敷金属的下转变点(AC_1)应与被焊母材相当(不低于 10℃)。

F.2 工艺的特殊要求

F.2.1 焊条电弧焊时,层间温度不宜超过 250℃;埋弧焊时,层间温度不宜超过 300℃。

F.2.2 焊条电弧焊进行填充和盖面时,宜采用直径不大于 3.2mm 的焊条焊接,每根完整的焊条所焊接的焊道长度与该焊条的熔化长度之比应大于 50%。焊缝其单层增厚不超过焊条直径，焊道宽度不超过焊条直径的 4 倍。

F.2.4 焊接前应编制应急预案，防止意外断电导致焊接或焊接热处理中断。若发生中断，应尽快恢复作业。

F.2.5 特殊情况下，当同时具备下列条件时，方可中断焊接：

a）至少已焊接 9mm 厚的焊缝或 25% 焊接坡口已填满，两者中取较小值（如焊件需移动或受载，焊件应有足够支撑）；

b）焊缝已进行后热或焊后热处理。

F.2.6 重新焊接时，应对表面进行检查确认无裂纹，并按规定进行预热。

F.2.7 焊后不宜采用后热。当被迫后热时，后热应在焊接完成，焊件温度降至 80℃ ~ 100℃，保温 1h ~ 2h 后立即进行。后热工艺为：温度 300℃ ~ 350℃，时间 2h。

F.2.8 焊后热处理应在焊接完成后，焊件温度降至 80℃ ~ 100℃，保温 1h ~ 2h 后立即进行。焊后热处理除执行 DL/T 819 的规定外，还应执行下列规定：

a）采用柔性陶瓷电加热器对小直径管排进行焊后热处理时，除每炉安装一支控温热电偶外，对每组加热装置还应至少安装 1 支热电偶，用于监测温度。

b）对直径大于或等于 273mm 的水平管道加热时，应采用分区控温的方法进行加热，加热装置与热电偶的布置要求应符合 DL/T 819 的规定。

d）管径不小于 76mm 采用 SMAW 填充盖面的焊接接头，焊后热处理的恒温时间应不小于 2h。

注 1：管座或返修焊件，其恒温时间按焊件的名义厚度替代焊件厚度来确定，但应不少于 0.5h。

F.2.9 受热面管排焊接接头在焊接热处理过程中若加热中断，允许以缓冷的方式冷却到室温，并在 24h 内进行后热处理。

其余焊接接头，若在后热和焊后热处理过程中加热中断，应启动备用电源，完成后热过程，并缓冷到室温。

F.3 质量控制的特殊要求

F.3.1 对焊接接头进行超声波检测时，应按照 DL/T 820 制作同种材质的对比试块。

F.3.2 焊缝金相微观组织应为回火马氏体/回火索氏体。

F.3.3 硬度合格指标 180HBW～270HBW。

F.3.4 焊缝金相组织中 δ-铁素体的含量允许范围参照 DL/T 438 规定。

2. 《管道焊接接头超声波检验技术规程》（DL/T 820—2002）

5.5.3 缺陷的级别评定

根据缺陷的性质、幅度、指示长度分为四级：

5.5.3.1 最大反射波幅度达到 SL 线或Ⅱ区的缺陷，根据缺陷指示长度按表 5 的规定予以评级。

5.5.3.2 对接焊缝允许存在一定尺寸根部未焊透缺陷，根据其反射波幅度及指示长度按表 6 的规定予以评级。

5.5.3.3 性质为裂纹、未融合、根部未焊透（不允许存在未焊透的焊缝）评定为Ⅳ级。

5.5.3.4 发射波幅度位于 RL 线或Ⅲ区的缺陷评定为Ⅳ级。

5.5.3.5 最大反射波幅度不超过 EL 线，和反射波幅度位于Ⅰ区的非裂纹、未融合、根部未焊透性质的缺陷，评定为Ⅰ级。

表5 单个缺陷的等级分类

检验级别 管壁厚度 评定等级	A	B	C
	14mm～50mm	14mm～160mm	14mm～160mm
Ⅰ	2/3t，最小 12mm	t/3，最小 10mm，最大 30mm	t/3，最小 10mm，最大 20mm

表 5（续）

检验级别 管壁厚度 评定等级	A	B	C
	14mm～50mm	14mm～160mm	14mm～160mm
II	3/4t，最小 12mm	2/3t，最小 12mm，最大 50mm	t/2，最小 10mm，最大 30mm
III	<t，最小 20mm	3/4t，最小 16mm，最大 75mm	2/3t，最小 12mm，最大 50mm
IV	超过III级者		

注：t 为坡口加工侧管壁厚度，焊接接头两侧管壁厚度不等时，t 取薄壁管厚度，t 单位为毫米（mm）。

表 6　根部未焊透等级分类

评定等级	对比灵敏度	缺陷指示长度 mm
II	1.5	≤焊缝周长的 10%
III	1.5＋4dB	≤焊缝周长的 20%
IV	超过III级者	

注 1：当缺陷反射波幅大于或等于用 SD—III型试块调节对比灵敏度 1.5mm 深月牙槽的反射波幅时，以缺陷反射波幅评定。

注 2：当缺陷反射波幅小于用 SD—III型试块调节对比灵敏度 1.5mm 深月牙槽的反射波幅时，以缺陷指示长度评定。

6.4.4.1　不允许存在的缺陷：

　　a）性质判定为裂纹、坡口未融合、层间未融合、未焊透及密集性缺陷者；

　　b）单个缺陷回波幅度大于或等于 DAC–6dB 者；

　　c）单个缺陷回波幅度大于或等于 DAC–10dB，且指示长度大于 5mm 者。

6.4.4.2　允许存在的缺陷：

　　单个缺陷回波幅度小于 DAC–6dB，且指示长度小于或等于 5mm 者。

7.4.4.1　不允许存在的缺陷：

a）性质判定为裂纹、坡口未融合、层间未融合、未焊透及密集性缺陷者；

b）单个缺陷回波幅度大于或等于 DAC＋4dB 者；

c）单个缺陷回波幅度大于或等于 DAC–10dB，且指示长度大于 5mm 者。

7.4.4.2　允许存在的缺陷：

单个缺陷回波幅度小于 DAC＋4dB，且指示长度小于或等于 5mm 者。

3.《钢制承压管道对接焊接接头射线检验技术规范》（DL/T 821—2002）

6.2.2　分级评定

圆形缺陷的焊缝质量分级应根据母材厚度和评定框尺尺寸确定，各级允许点数的上限值符合表 9 的规定。

表9　圆形缺陷的分级

评定框尺尺寸		10×10			10×20		10×30
母材厚度 T mm 点数 质量级别		≤10	>10～15	>15～25	>25～50	>50～100	>100
Ⅰ		1	2	3	4	5	6
Ⅱ		3	6		12	15	18
Ⅲ		6	12	18	24	30	36
Ⅳ	缺陷点数大于Ⅲ级者，单个缺陷长径大 1/2T 者						

6.2.2.1　Ⅰ级焊缝和母材厚度小于或等于 5mm 的Ⅱ级焊缝内，在评定框尺内不计点数的圆形缺陷数不得多于 10 个，超过 10 个时，焊缝质量的评级应分别降低 1 级。

6.3.1 长宽比大于 3 的缺陷定义为条状缺陷。包括气孔、夹渣和夹钨。

6.3.2 条状缺陷的焊缝质量分级应符合表 10 的规定。

表 10 条状缺陷的分级

质量级别	母材厚度 T	条状缺陷总长	
		连续长度	断续总长
I		0	0
II	$T \leqslant 12$	4	在任意直线上，相邻两缺陷间距均不超过 $6L$ 的任何一组缺陷，其累计长度在 $12T$ 焊缝长度内不超过 T
	$12 < T < 60$	$\dfrac{1}{3}T$	
	$T \geqslant 60$	20	
III	$T \leqslant 9$	6	在任意直线上，相邻两缺陷间距均不超过 $3L$ 的任何一组缺陷，其累计长度在 $6T$ 焊缝长度内不超过 T
	$9 < T < 45$	$\dfrac{2}{3}T$	
	$T \geqslant 45$	30	
IV	大于 III 级者		

注 1：表中 L 为该组条状缺陷最长者的长度。
注 2：当被焊缝长度小于 $12T$（II 级）或 $6T$（III 级）时，可按被检焊缝长度与 $12T$（II 级）或 $6T$（III 级）的比例折算出被检焊缝长度内条状缺陷的允许值。当折算的条状缺陷总长度小于单个条状缺陷长度时，以单个条状缺陷长度为允许值。
注 3：当两个或两个以上条状缺陷在一直线上且相邻间距小于或等于较小条状缺陷尺寸时，应作为单个连续条状缺陷处理，其间距也应计入条状缺陷长度，否则应分别评定。

6.5.1 外径大于 89mm 的管子，其焊缝根部内凹缺陷的质量分级应符合表 13 的规定。

表 13 焊缝根部内凹分级

质量级别	内凹深度		内凹总长占焊缝总长的百分比 %
	占壁厚百分比 %	极限深度 mm	
I	$\leqslant 10$	$\leqslant 1$	$\leqslant 25$
II	$\leqslant 15$	$\leqslant 2$	

表 13（续）

质量级别	内凹深度		内凹总长占焊缝总长的百分比 %
	占壁厚百分比 %	极限深度 mm	
III	≤20	≤3	≤25
IV	大于III级者		

6.5.2　外径小于或等于 89mm 的管子，其焊缝根部内凹缺陷的质量分级应符合表 14 的规定。

表 14　焊缝根部内凹分级

质量级别	内凹深度		内凹总长占焊缝总长的百分比 %
	占壁厚百分比 %	极限深度 mm	
I	≤10	≤1	≤30
II	≤15	≤2	
III	≤20	≤3	
IV	大于III级者		

6.7　综合评级

在评定框尺内，同时存在几种类型缺陷时，应先按各类缺陷分别评级，然后将各自评定级别之和减 1 作为最终级别（大于III级者为IV级）。

4.《火力发电厂金属技术监督规程》（DL/T 438—2009）

7.3.3　直管段母材的硬度应均匀，且控制在 180HB ～ 250HB，同根钢管上任意两点之间的硬度差不应超过Δ30HB；纵截面金相组织中的 δ-铁素体含量不超过 5%；安装前检验母材硬度小于 160HB 时，应取样进行拉伸试验。

7.3.4　用金相显微镜在 100 倍下检查 δ-铁素体，取 10 个视场的平均值，纵向面金相组织中 δ-铁素体含量不超过 5%。

7.3.5 热推、热压和锻造管件的硬度应均匀，且控制在175HB～250HB，同一管件两点之间的硬度差不应大于Δ50HB，纵截面金相组织中 δ-铁素体含量不超过 5%。

7.3.6 对于公称直径大于 150mm 或壁厚大于 20mm 的管道，100%进行焊缝的硬度检验；其余规格管道的焊接接头按5%抽检，焊后热处理记录异常的焊缝应进行硬度检验；焊缝硬度应控制在 180HB～270HB。（注：亦应按 DL/T 869—2012 表5 外径 $D > 159$mm 或壁厚 $δ > 20$mm，工作压力 $P > 9.81$MPa 的锅炉本体范围内的管子及管道 100%硬度）

7.3.7 硬度检验的打磨深度通常为 0.5mm～1.0mm，并以120 号或更细的砂轮、砂纸精磨，表面粗糙度 $R < 1.6μm$，硬度检验部位包括焊缝和近缝区的母材，同一部位至少测量 3 点。

7.3.8 焊缝硬度超出控制范围，首先在原测点附近两处和原测点180°位置再次测量。

7.3.9 对于公称直径大于 150mm 或壁厚大于 20mm 的管道，10%进行焊缝的金相组织检验，硬度超标或焊后热处理记录显示异常的焊缝应进行金相组织检验。

7.3.10 焊缝和熔合区金相组织中的 δ-铁素体含量不超过8%，最严重的视场不超过 10%。

7.3.11 对于焊缝区域的裂纹检验，打磨后进行磁粉探伤。

7.3.12 管道直段。管件硬度高于本标准的规定值，通过再次回火；硬度低于本标准的规定值，重新正火＋回火处理不得超过 2 次。

9.2.3 安装焊缝的外观质量、无损探伤、光谱分析、硬度和金相组织检验以及不合格焊缝的处理按 DL/T 869 中相关条款执行。

9.2.4 低合金、不锈钢和异种钢焊缝分别按 DL/T 869 和DL/T 752—2001 中相关条款执行。9%～12%Cr 钢焊缝的硬度控制在 180HB～270HB，一旦硬度异常，应进行金相组织检验。

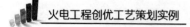

二、施工工艺流程

坡口制备与清理→充氩保护装置安装→对口→点固前预热→点固焊及氩弧焊封底→手工电弧焊填充盖面→焊工自检及专检→焊后热处理→无损检验→验收。

焊接施工过程包括上述重要工序，上道工序经检验，符合要求后方准进行下道工序。否则，禁止下道工序施工。

三、工艺质量要求

1. 坡口制备与清理

（1）坡口形状尺寸按设计图纸资料采用机械法加工，要求坡口表面平整。

（2）管道坡口内外 10～15mm 范围内应打磨出金属光泽，不得留有油、污、垢、锈等杂质，同时须确认无裂纹、夹层等缺陷。

（3）P92 焊口还应对坡口表面及内壁（离坡口边缘 20mm 范围）进行 PT 检验，确认表面无明显缺陷。

2. 充氩保护

氩弧焊打底及电弧焊填充第一层焊接时充氩保护，以坡口中心为准，两侧各 200～300mm；第二层电弧焊焊接完成后停止充氩。

3. 对口

（1）对口间隙 2.5～4mm，钝边厚度 1～2mm。

（2）焊接区域上、下管段上应安装临时支撑，且不应在管线上形成应力，临时支撑不能焊接在管道上。

4. 点固焊前预热

（1）小管点固焊前适当对点固焊部位进行（火焰）预热，预热温度为 150～200℃（便携式红外测温仪检测）。

（2）厚壁管或锻、铸造管件预热 200℃以上（热处理自动记录仪做全程跟踪记录）。

5. 点固焊及氩弧焊封底

P91、P92 大口径管采用同材质或低碳钢堆焊 2 层 P91、P92

焊材，打磨后在坡口内点固；小径管采用一层（大口径管两层）充氩氩弧焊封底技术，每层厚度 2.8～3.2mm。

6. 手工电弧焊填充盖面

（1）选用 2.5～3.2mm 焊条，采用小电流、多层、多道焊接技术。

（2）T/P91 钢的焊接层间温度应严格控制在 200～300℃之间。T/P92 钢层间温度应严格控制在 200～250℃之间。

（3）管壁厚小于或等于 50mm，焊后缓冷至 100℃或室温。

（4）厚壁管焊后缓冷、冷却温度 80～100℃，恒温 1h 以上。

7. 焊工自检及专检

（1）焊后清理干净熔渣、飞溅，检查外观和焊接质量，如发现有缺陷应立即修复，清除缺陷时应用机械方法清除。

（2）焊缝过渡圆滑、匀直、接头良好，无咬边、裂纹、弧坑、气孔、夹渣等缺陷；焊接接头焊缝余高在 0～2.5mm 之间，焊缝宽窄差不大于 3mm；局部错口值应小于 1mm；角变形不大于 3/200。

8. 焊后热处理

（1）采用 K 型镍铬电阻合金热电偶，热电偶与补偿导线的型号、极性必须相匹配。

（2）焊接完成缓冷至 80～100℃，恒温 1～2h 后进行最终热处理；T/P91 为 750～770℃，T/P92 为 760～770℃，恒温 4～6h，恒温时在加热范围内任意两测点间的温差应低于 50℃，升降温速度不大于 150℃/h，焊后热处理的恒温时间控制最大误差为 10min。

9. 无损检验

（1）大口径管 100%硬度检测（母材 180～250HB，焊缝硬度值不低于母材且在 180～270HB 范围内）。

（2）焊缝及二侧母材各 200mm 范围做 100%MT 或 PT。

（3）焊缝及母材金相组织为均匀回火马氏体，没有裂纹、过烧组织、淬硬的马氏体组织。

四、工艺质量通病防治措施

1. 焊前管口清理不彻底

预防措施：要求焊工焊接前将坡口及附近母材清理干净后方可施焊（包括 PT 或 MT 探伤后的痕迹）。

2. 未规范使用焊条保温筒

预防措施：焊前对焊工的技术交底，强调规范使用焊条保温筒的重要性。

3. 填充层焊接电流过大

预防措施：施焊过程中焊接技术员和质检员要加大检查力度，大口径管焊接时采用远红外测温仪全程跟踪控制。

4. 焊接二次线裸露

预防措施：焊接前、后仔细检查。

5. 焊后不认真检查焊缝外观质量

预防措施：明确焊工的责任，要求焊工本人应对所焊接头焊接后按规定进行清理，进行仔细的外观检查。

焊接质检员应按"焊接接头分类检验的项目范围及数量"表中规定的比例检验，必要时使用焊缝检验尺或 5 倍放大镜；对可经打磨修复的外观超标缺陷应该做记录。

五、质量工艺示范图片

垂直固定大口径 P91 管多层多道焊接工艺、水平固定大口径 SA335-P91 管多层多道焊接工艺、SA213-T91 小径管全氩焊接工艺示范图片分别见图 3-1～图 3-3。

图 3-1　垂直固定大口径 P91 管多层多道焊接工艺

图 3-2　水平固定大口径 SA335-P91　　　图 3-3　SA213-T91 小径管
管多层多道焊接工艺　　　　　　　　　全氩焊接工艺

第二节　奥氏体不锈钢及镍基合金焊接

一、相关强制性条文

1.《火力发电厂焊接技术规程》（DL/T 869—2012）

> 3.3.1.1　钢材材质应符合设计选用标准的规定，进口钢材应符合合同规定的技术条件。钢材应附有材质合格证书。
>
> 3.3.1.3　钢材的采购、验收、入库技术条件应符合 GB 713、GB 5310 等相关规程的规定。
>
> 3.3.1.4　未经验收的钢材不得使用。对钢材材质有怀疑时，应按照该钢材批号进行化学成分和力学性能检验。
>
> 3.3.2.7　首次使用的新型焊接材料应由供应商提供该材料熔敷金属的化学成分、力学性能（含常、高温）、AC_1、指导性焊接及热处理工艺参数等技术资料，经过焊接工艺评定后方可在工程中使用。
>
> 4.1.1.1　锅炉受热面管子焊口，其中心线距离管子弯曲起点或集箱外壁或支架边缘至少 70mm，同根管子两个对接焊口间距离不得小于 150mm。

4.1.1.2 管道对接焊口，其中心线距离管道弯曲起点不小于管道外径，且不小于 100mm（定型管件除外），距支、吊架边缘不小于 50mm。同管道两个对接焊口间距离一般不得小于150mm，当管道公称直径大于 500mm 时，同管道两个对接焊口间距离不得小于 500mm。

4.1.1.4 容器筒体的对接焊口，其中心线距离封头弯曲起点应不小于容器壁厚加 15mm，且不小于 25mm。相互平行的两相邻焊缝之间的距离应大于容器壁厚的 3 倍，且不小于 100mm。

4.1.1.5 管孔不宜布置在焊缝上，并避免管孔接管焊缝与相邻焊缝的热影响区重合。当无法避免在焊缝或焊缝附近开孔时，应满足以下条件：

a）管孔周围大于孔径且不小于 60mm 范围内的焊缝，应经无损检验合格；

b）孔边不在焊缝缺陷上；

c）管接头需经过焊后消应力热处理。

4.1.3 焊件组对的局部间隙过大时，应设法修整到规定尺寸，不应在间隙内加填塞物。

4.1.5 除设计规定的冷拉焊口外，其余焊口不应强力组对，不应采用热膨胀法组对。

4.2.3 焊件经下料和坡口加工后应按照下列要求进行检查，合格后方可组对：

a）淬硬倾向较大的钢材，如经过热加工方法下料，坡口，加工后要经表面探伤检测合格。

b）坡口内及边缘 20 mm 内母材无裂纹、重皮、坡口破损及毛刺等缺陷。

c）坡口尺寸符合图纸要求。

4.2.4 管道（管子）管口端面应与管道中心线垂直。其偏斜度 Δf 不应超过表 1 规定。

表1　管子端面与管中心线的偏斜度要求

图例	管子外径 mm	Δf mm
	≤60 >60～159 >159～219 >219	0.5 1 1.5 2

4.3.2　焊件组对时一般应做到内壁（根部）齐平，如有错口，其错口值不应超过下列限值：

a）对接单面焊的局部错口值不应超过壁后的 10%，且不大于 1mm。

5.3.3　严禁在被焊工件表面引燃电弧、试验电流或随意焊接临时支撑物，高合金钢材料表面不得焊接对口用卡具。

5.3.11　施焊过程除工艺和检验上要求分次焊接外，应连续完成。若被迫中断时，应采取防止裂纹产生的措施（如后热、缓冷、保温等）。再焊时，应仔细检查并确认无裂纹后，方可按照工艺继续施焊。

5.3.13　对需做检验的隐蔽焊缝，应经检验合格后，方可进行其他工序。

5.3.14　焊口焊完后应进行清理，经自检合格后做出可追溯的永久性标识。

5.3.15　焊接接头有超过标准的缺陷时，可采取挖补方式返修。但同一位置上的挖补次数一般不得超过三次，耐热钢不得超过两次，并应遵守下列规定：

a）彻底清除缺陷；

b）补焊时，应制定具体的补焊措施并按照工艺要求实施；

c）需进行热处理的焊接接头，返修后应重做热处理。

5.3.16　安装管道冷拉口所使用的加载工具，需待整个对口焊接和热处理完毕后方可卸载。

5.3.17 不得对焊接接头进行加热校正。

6.1.4 外观检查不合格的焊缝,不允许进行其他项目检验;

6.1.5 对容易产生延迟裂纹和再热裂纹的钢材,焊接热处理后必须进行无损检验。

6.3.3 对下列部件的焊接接头的无损检验应执行如下具体规定:

a)厚度不大于20mm的汽、水管道采用超声波检验时,还应进行射线检验,其检验数量为超声波检验数量的20%;

b)厚度大于 20mm 的管道和焊件,射线检验或超声波检验可任选其中一种;

c)需进行无损检测的角焊缝可采用磁粉检测或渗透检测。

6.3.4 对同一焊接接头同时采用射线和超声波两种方法进行检验时,均应合格。

6.3.5 无损检验的结果若有不合格时,应按如下规定处理:

a)对管子和管道焊接接头应对该焊工当日的同一批焊接接头中按不合格焊口数加倍检验,加倍检验中仍有不合格时,则该批焊接接头评为不合格;

b)容器的纵、环焊缝局部检验不合格时,应在缺陷两端的延伸部位增加检验长度,增加的检验长度应该为该焊缝长度的10%且不小于250mm;若仍不合格,则该焊缝应100%检验。

6.3.6 对修复后的焊接接头,应100%进行无损检验。

7.1.4 管子、管道的外壁错口值不得超过以下规定:

a)锅炉受热面管子:外壁错口值不大于 10%壁厚,且不大于 1mm;

b)其他管道:外壁错口值不大于10%壁厚,且不大于 4mm。

7.3.1 同种钢焊接接头热处理后焊缝的硬度,一般不超过母材布氏硬度值加100HBW,且不超过下列规定:

合金总含量大于 10%时布氏硬度值不小于 350HBW。

7.4.1 焊缝金相组织合格标准是:

a）没有裂纹;

b）没有过烧组织;

c）没有淬硬的马氏体组织。

附录 E（规范性附录）奥氏体不锈钢及镍基合金焊接特殊技术要求

E.1 焊接奥氏体不锈钢及镍基合金宜采用钨极氩弧焊、焊条电弧焊、熔化极气保焊、埋弧焊等方法。

E.2 坡口加工宜采用机械方式。当采用等离子切割进行下料和坡口加工时，应预留不少于 5mm 的加工裕量。

E.3 应采取措施避免母材与碳钢或其他合金钢接触，以防止铁离子污染。测量坡口和焊缝尺寸应采用不锈钢材料或其他防止铁离子污染的专用焊口检测工具。

E.4 坡口清理、修整接头、清理焊渣和飞溅用的电动或手动打磨工具，宜选用无氯铝基无铁材料制成的砂布、砂轮片、电磨头，或选用不锈钢材料制成的錾头、钢丝刷或其他专用材料制成的器具。

E.5 钨极氩弧焊焊接时，焊机应具有高频引弧及保护气体提前和滞后功能。

E.6 焊接前宜采用酒精或丙酮等溶剂对焊接坡口及其有热影响的相邻区域进行清洗。

E.7 当可以进行双面焊接时，最后一层焊缝宜安排在介质侧。

E.8 钨极氩弧焊时宜选用直径不大于 2.5mm 的焊丝，焊条电弧焊时宜选用直径为 2.5mm～3.2mm 的焊条。压力管道和耐腐蚀部件异种材料焊接时宜选用镍基 ERNiCrCoMo-1 等焊丝。

E.9 压力管道和耐强腐蚀介质部件焊接时，应采取小线能量焊接，层间厚度不宜大于焊条（丝）直径。焊接宜采用多层多道焊，焊接过程中采用红外测温仪或其他测量器具测量层间温度，层间温度应控制在150℃以下。当用水冷却时，宜采用二级除盐水。

E.10 钨极氩弧焊封底及次层的填充焊接，应采取背面充惰性保护气体或其他防止焊接区域与空气直接接触的措施。当焊接小径管采用充惰性气体保护时，宜采用整根管子内部充气的方式。

E.11 不锈钢焊缝表面色泽不应出现灰色和黑色。

E.12 单一奥氏体钢焊缝金属的金相组织中不得有δ-铁素体存在。

2.《管道焊接接头超声波检验技术规程》（DL/T 820—2002）

7 奥氏体中小径薄壁管焊接接头检验

7.1 试块

a）试块选用规格相同的同批号或声学性能相近的管子制作。

b）在管子试样的内外壁表面加工短槽。

7.4.4 评定缺陷

根据焊接接头存在缺陷类型、缺陷波幅的大小以及缺陷的指示长度，缺陷评定为允许存在和不允许存在两类。

7.4.4.1 不允许存在的缺陷：

a）性质判定为裂纹、坡口未熔合、层间未熔合及密集性缺陷者；

b）单个缺陷回波幅度大于或等于DAC + 4dB者；

c）单个缺陷回波幅度大于或等于DAC，且指示长度大于5mm者。

7.4.4.2 允许存在的缺陷：

单个缺陷回波幅度小于DAC + 4dB，且指示长度小于或等于5mm者。

3.《钢制承压管道对接焊接接头射线检验技术规范》(DL/T 821—2002)

6.2.2 分级评定

圆形缺陷的焊缝质量分级应根据母材厚度和评定框尺尺寸确定，各级允许点数的上限值符合表9的规定。

表9 圆形缺陷的分级

评定框尺尺寸	10×10			10×20		10×30
母材厚度 T mm 点数 质量级别	≤10	>10～15	>15～25	>25～50	>50～100	>100
I	1	2	3	4	5	6
II	3	6	9	12	15	18
III	6	12	18	24	30	36
IV	缺陷点数大于III级者，单个缺陷长径大 1/2 T 者					

6.2.2.1 I 级焊缝和母材厚度小于或等于 5mm 的 II 级焊缝内，在评定框尺内不计点数的圆形缺陷数不得多于 10 个，超过 10 个时，焊缝质量的评级应分别降低 1 级。

6.3.1 长宽比大于3的缺陷定义为条状缺陷。包括气孔、夹渣和夹钨。

6.3.2 条状缺陷的焊缝质量分级应符合表10的规定。

表10 条状缺陷的分级

质量级别	母材厚度 T	条状缺陷总长	
		连续长度	断续总长
I		0	0
II	$T≤12$	4	在任意直线上，相邻两缺陷间距均不超过 6L 的任何一组缺陷，其累计长度在 12T 焊缝长度内不超过 T

表 10（续）

质量级别	母材厚度 T	条状缺陷总长	
		连续长度	断续总长
II	$12<T<60$	$\dfrac{1}{3}T$	在任意直线上，相邻两缺陷间距均不超过 $6L$ 的任何一组缺陷，其累计长度在 $12T$ 焊缝长度内不超过 T
	$T\geqslant60$	20	
III	$T\leqslant9$	6	在任意直线上，相邻两缺陷间距均不超过 $3L$ 的任何一组缺陷，其累计长度在 $6T$ 焊缝长度内不超过 T
	$9<T<45$	$\dfrac{2}{3}T$	
	$T\geqslant45$	30	
IV	大于III级者		

注 1：表中 L 为该组条状缺陷最长者的长度。

注 2：当被检焊缝长度小于 $12T$（II级）或 $6T$（III级）时，可按被检焊缝长度与 $12T$（II级）或 $6T$（III级）的比例折算出被检焊缝长度内条状缺陷的允许值。当折算的条状缺陷总长度小于单个条状缺陷长度时，以单个条状缺陷长度为允许值。

注 3：当两个或两个以上条状缺陷在一直线上且相邻间距小于或等于较小条状缺陷尺寸时，应作为单个连续条状缺陷处理，其间距也应计入大条状缺陷长度，否则应分别评定。

6.5.1　外径大于 89mm 的管子，其焊缝根部内凹缺陷的质量分级应符合表 13 的规定。

表 13　焊缝根部内凹分级

质量级别	内凹深度		内凹总长占焊缝总长的百分比 %
	占壁厚百分比 %	极限深度 mm	
I	≤10	≤1	≤25
II	≤15	≤2	
III	≤20	≤3	
IV	大于III级者		

6.5.2　外径小于或等于 89mm 的管子，其焊缝根部内凹缺陷的质量分级应符合表 14 的规定。

表 14　焊缝根部内凹分级

质量级别	内凹深度		内凹总长占焊缝总长的百分比 %
	占壁厚百分比 %	极限深度 mm	
I	≤10	≤1	
II	≤15	≤2	≤30
III	≤20	≤3	
IV	大于III级者		

6.7　综合评级

在评定框尺内，同时存在几种类型缺陷时，应先按各类缺陷分别评级，然后将各自评定级别之和减 1 作为最终级别（大于III级者为IV级）。

4.《火力发电厂金属技术监督规程》（DL/T 438—2009）

9.2.3　安装焊缝的外观质量、无损探伤、光谱分析、硬度和金相组织检验以及不合格焊缝的处理按 DL/T 869 中相关条款执行。

9.2.4　低合金、不锈钢和异种钢焊缝分别按 DL/T 869 和 DL/T 752—2001 中相关条款执行。9%～12%Cr 钢焊缝的硬度控制在 180HB～270HB，一旦硬度异常，应进行金相组织检验。

二、施工工艺流程

坡口制备与清理→充氩保护装置安装→对口→点固焊及氩弧焊封底→手工电弧焊填充盖面→焊工自检及专检→无损检验→验收。

三、工艺质量要求

（1）不锈钢管全部采用实芯焊丝或不填丝、充氩氩弧焊焊接。

（2）坡口采用机械或等离子加工。

（3）焊前清理，坡口两侧各 100mm 范围涂白垩份或其他防飞溅涂料。

（4）壁厚小于 3mm 管，可不开坡口。留 1～3mm 间隙；壁厚大于 2mm 管，分两层焊接，余高 1.5～2.5mm。

（5）焊接过程保持清洁，严禁电弧擦伤，不得在母材表面引弧、收弧。

（6）采用短电弧、不摆动或小摆动焊接方法。

（7）层间温度应控制在 80℃以下（焊缝两侧加冷却铜块或用湿布擦拭冷却）。Ws 工艺焊接时，$\phi<60mm$ 焊口每段不大于 50mm，$\phi>60mm$ 焊口每段不大于 100mm；Ds 工艺焊接时，每焊完一根焊条，应待层间温度低于 80℃时，再继续施焊。

（8）焊后采用钝化酸洗膏处理。

（9）标识采用低氯记号笔。

（10）焊缝表面工艺应符合以下要求：

1）焊缝过渡圆滑、匀直、接头良好，无咬边、裂纹、弧坑、气孔、夹渣等缺陷；

2）焊接接头焊缝余高在 0～2.5mm 之间，焊缝宽窄差不大于 3mm；

3）局部错口值应小于 1mm，角变形不大于 3/200。

四、工艺质量通病防治措施

1. 焊前坡口表面清理不彻底

预防措施：要求焊工焊接前将坡口及附近母材清理干净后方可施焊。

2. 未规范使用焊条保温筒

预防措施：焊前对焊工的技术交底，强调规范使用焊条保温筒的重要性。

3. 未严格控制层间温度

预防措施：施焊过程中焊接技术员和质检员要加大检查力度。

4. 焊接二次线裸露

预防措施：焊接前、后仔细检查。

5. 焊后不认真检查焊缝外观质量

预防措施：明确焊工的责任；要求焊工本人应对所焊接头焊接后按规定进行清理，进行仔细的外观检查。焊接质检员应按"焊接接头分类检验的项目范围及数量"表中规定的比例检验，必要时使用焊缝检验尺或 5 倍放大镜；对可经打磨修复的外观超标缺陷应该做记录。

6. 焊后未及时采用钝化酸洗膏处理

预防措施：明确焊工的责任，加强焊接质检人员巡查力度。

五、质量工艺示范图片

不锈钢管焊接工艺示范图片见图 3-4。

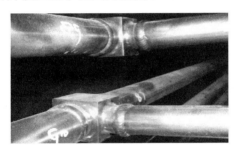

图 3-4 不锈钢管焊接工艺

第三节 凝汽器管板焊接

一、相关强制性条文

《火电厂凝汽器管板焊接技术规程》（DL/T 1097—2008）

> 3.3.2 凝汽器管板焊接相关的钢材应具有材料质量保证书，对无材料质量保证书或有材料质量保证书但对其质量有怀疑的，应按 DL/T 712 中的规定进行复验。
>
> 3.3.3 氩气使用前应检查有无出厂合格证。氩气纯度应不

小于 99.98%。

3.3.4 自动钨极焊所用的钨极可选用直径为 2.0～2.5 的钨钍极、钨镧极或钨铈极。

5.1.1 环境要求如下：

a）凝汽器管板焊接场地应有良好的防风、防火、防尘设施，必要时用防火帆布搭置密封室。

b）密封室内的地面宜用钢板铺设，且平整、干净。

c）焊接用操作平台的搭设应牢固、稳定，宜用 30mm 以上厚度的木板或钢脚手板铺设，并捆扎牢固。

d）密封室顶部应装有排风气扇，以改善室内环境。

e）钛管板焊接时，焊工应穿戴洁净的工作服和脱脂纯涤纶手套。

f）隔板顶部应铺设保护平台，要求平台密封、结实，能有效防止杂物落入焊接施工区。

5.1.2 管板按下列要求清洗：

a）管与板的清洗应先采用吸尘器抽吸杂物，然后用浓度大于 95% 的酒精或丙酮擦洗。

b）管口清洁度以白绸布蘸酒精擦拭不染色为合格。

c）加工及清洗完毕的管口严禁用手触摸，暂时不焊的管口必须用洁净的塑料薄膜覆盖，以防污染。

5.1.3 管板的装配及装配检验要求如下：

d）管板的装配必须按工艺要求进行，焊接质量检查员对钛管的装配过程应进行监督和检查，在施焊前进行验收。

e）防止中心定位杆插入时带入杂物。

5.2.1 中心定位杆应能保证焊接过程不晃动。

5.2.4 安装钨极时，钨极应处于焊枪喷嘴的中心位置，不得偏斜。

二、施工工艺流程

清洗→封闭→焊前检查→焊接→焊后自检及专检→无损检验→整体验收。

三、工艺质量要求

（1）不锈钢管穿管前经 100%涡流探伤合格。

（2）焊前用丙酮清洗管口，以白绸布蘸酒精擦拭不染色为合格。

（3）采用 Z 形跳焊法，防止局部变形过大。

（4）双侧施焊时，不得同时焊接一根冷却管。单侧施焊时，另一侧严禁割管、清洗、胀管。

（5）焊后焊缝进行 100%外观和渗透检验。

（6）焊缝表面均匀、美观、呈鱼鳞状。焊缝余高不大于 0.5mm，宽度 2.5～4mm。焊缝无裂纹、气孔、未熔合、焊偏、管翻边等缺陷；焊缝表面颜色为银白色，不应出现灰色和黑色。

（7）焊缝有缺陷需要返修时，一般可用自动钨极氩弧焊机进行再熔化来修整缺陷。无法采用自动钨极氩弧焊机返修时，应将缺陷彻底清除后采用手工钨极氩弧焊加丝的方法进行补焊。补焊次数一般不得超过 3 次。

（8）担任焊缝返修的焊工应具备 DL/T 679 规定的Ⅱ类及以上考核合格的资格。

（9）手工补焊用钨极氩弧焊设备由电源、控制箱和焊枪三部分组成，应具有提前送气、高频引弧、衰减和保护气体滞后功能。

（10）补焊选用与管材相适应的焊丝，直径为 0.8～1.2mm。使用前应清除油污等，再用丙酮或 95%以上酒精进行清洗，使用过程中应保持干燥、清洁。

（11）焊缝返修前必须用机械方法清除缺陷，并按 DL/T 1097—2008 中 5.1.2 条的要求将焊缝清理干净。

（12）调整焊接参数，并在试件上进行模拟焊接。

（13）焊口修补长度超过 5mm 时必须采用分段焊，每焊完一段后，待焊缝温度冷却到 50℃以下时再焊接另一段，以此类推。

（14）补焊时熔池应始终处于氩气保护下，在焊接收弧时，应先将熔池填满，然后按下衰减按钮，同时将电弧移至焊缝边缘，待焊缝冷却后再将焊枪移开。

（15）焊缝质量检验按 JB/T 4730.5—2005《承压设备无损检测　第 5 部分：渗透检测》。

四、工艺质量通病防治措施

（1）管口焊前清理不彻底。

预防措施：加强焊前检查，督促焊接人员用丙酮清洗管口去除油污等杂质。

（2）部分焊口未采用 Z 形跳焊法。

预防措施：按作业指导书、工艺卡规定，将管板焊口焊接顺序绘出简图、详细向焊工交底；焊接过程加强检查。

（3）焊后不认真检查焊缝外观质量。

预防措施：明确焊工的责任；要求焊工本人应对所焊接头焊接后按规定进行清理，进行仔细的外观检查。焊接质检员应按"焊接接头分类检验的项目范围及数量"表中规定的比例检验，必要时使用焊缝检验尺或 5 倍放大镜；对可经打磨修复的外观超标缺陷应该做记录。

五、质量工艺示范图片

冷凝器不锈钢冷凝管焊接工艺示范图片见图 3-5、图 3-6。

图 3-5　冷凝器不锈钢冷凝管焊接工艺（一）

图 3-6　冷凝器不锈钢冷凝管焊接工艺（二）

第四节 中、低压管道焊接

一、相关强制性条文

1.《火力发电厂焊接技术规程》(DL/T 869—2012)

> 3.3.1.1 钢材材质应符合设计选用标准的规定,进口钢材应符合合同规定的技术条件。钢材应附有材质合格证书。首次使用的钢材在进行焊接工艺评定前应收集焊接性资料和焊接、焊接热处理以及其他热加工方法的指导性工艺资料。
>
> 3.3.2.7 首次使用的新型焊接材料应由供应商提供该材料熔敷金属的化学成分、力学性能(含常、高温)、AC_1、指导性焊接及热处理工艺参数等技术资料,经过焊接工艺评定后方可在工程中使用。
>
> 4.1.1.2 管道对接焊口,其中心线距离管道弯曲起点不小于管道外径,且不小于100mm(定型管件除外),距支、吊架边缘不小于50mm。同管道两个对接焊口间距离一般不得小于150mm,当管道公称直径大于500mm时,同管道两个对接焊口间距离不得小于500mm。
>
> 4.1.14 容器筒体的对接焊口,其中心线距离封头弯曲起点应不小于容器壁厚加15mm,且不小于25mm。相互平行的两相邻焊缝之间的距离应大于容器壁厚的3倍,且不小于100mm。
>
> 4.1.1.5 管孔不宜布置在焊缝上,并避免管孔接管焊缝与相邻焊缝的热影响区重合。当无法避免在焊缝或焊缝附近开孔时,应满足以下条件:
>
> a)管孔周围大于孔径且不小于60mm范围内的焊缝,应经无损检验合格;

b）孔边不在焊缝缺陷上；

c）管接头需经过焊后消应力热处理。

4.1.3 焊件组对的局部间隙过大时，应设法修整到规定尺寸，不应在间隙内加填塞物。

4.1.10 除设计规定的冷拉焊口外，其余焊口不应强力组对，不应利用热膨胀法组对。

4.2.3 焊件经下料和坡口加工后应按照下列要求进行检查，合格后方可组对：

a）淬硬倾向较大的钢材，如经过热加工方法下料坡口，加工后要经表面探伤检测合格。

b）坡口内及边缘 20mm 内母材无裂纹、重皮、坡口破损及毛刺等缺陷。

c）坡口尺寸符合图纸要求。

4.2.4 管道（管子）管口端面应与管道中心线垂直。其偏斜度 Δf 应超过表 1 规定。

表1 管子端面与管中心线的偏斜度要求

图例	管子外径 mm	Δf mm
	≤60	0.5
	>60~159	1
	>159~219	1.5
	>219	2

4.3.2 焊件组对时一般应做到内壁（根部）齐平，如有错口，其错口值不应超过下列限值：

a）对接单面焊的局部错口值不应超过壁厚的 10%，且不大于 1mm。

b）对接双面焊的局部错口值不得超过焊件厚度的 10%，且不大于 3mm。

5.1.1 允许进行焊接操作的最低环境温度因钢材不同分别为：

A-Ⅰ类为-10℃；A-Ⅱ、A-Ⅲ、B-Ⅰ类为0℃；B-Ⅱ、B-Ⅲ为5℃；C类不作规定。

5.3.3 严禁在被焊工件表面引燃电弧、试验电流或随意焊接临时支撑物，高合金钢材料表面不得焊接对口用卡具。

5.3.11 施焊过程除工艺和检验上要求分次焊接外，应连续完成。若被迫中断时，应采取防止裂纹产生的措施（如后热、缓冷、保温等）。再焊时，应仔细检查并确认无裂纹后，方可按照工艺继续施焊。

5.3.13 对需做检验的隐蔽焊缝，应经检验合格后，方可进行其他工序。

5.3.14 焊口焊完后应进行清理，经自检合格后做出可追溯的永久性标识。

5.3.15 焊接接头有超过标准的缺陷时，可采取挖补方式返修。但同一位置上的挖补次数一般不得超过三次，耐热钢不得超过两次，并应遵守下列规定：

a）彻底清除缺陷；

b）补焊时，应制定具体的补焊措施并按照工艺要求实施；

c）需进行热处理的焊接接头，返修后应重做热处理。

5.3.16 安装管道冷拉口所使用的加载工具，需待整个对口焊接和热处理完毕后方可卸载。

5.3.17 不得对焊接接头进行加热校正。

6.1.4 外观检查不合格的焊缝，不允许进行其他项目检验；

6.1.5 对容易产生延迟裂纹和再热裂纹的钢材，焊接热处理后必须进行无损检验。

6.3.3 对下列部件的焊接接头的无损检验应执行如下具体规定：

a）厚度不大于 20mm 的汽、水管道采用超声波检验时，还应进行射线检验，其检验数量为超声波检验数量的 20%。

b）厚度大于 20mm 且小于 70mm 的管道和焊件，射线检验或超声波检验可任选其中一种。

6.3.4　对同一焊接接头同时采用射线和超声波两种方法进行检验时，均应合格。

6.3.5　无损检验的结果若有不合格时,应按如下规定处理:

a）对管子和管道焊接接头应对该焊工当日的同一批焊接接头中按不合格焊口数加倍检验，加倍检验中仍有不合格时，则该批焊接接头评为不合格。

b）容器的纵、环焊缝局部检验不合格时，应在缺陷两端的延伸部位增加检验长度，增加的检验长度应该为该焊缝长度的 10%且不小于 250mm；若仍不合格，则该焊缝应 100%检验。

6.3.6　对修复后的焊接接头，应 100%进行无损检验。

7.1.4　管子、管道的外壁错口值不得超过以下规定:

a）锅炉受热面管子：外壁错口值不大于 10%壁厚，且不大于 1mm；

b)其他管道:外壁错口值不大于 10%壁厚，且不大于 4mm。

7.3.1　同种钢焊接接头热处理后焊缝的硬度，一般不超过母材布氏硬度值加 100HBW，且不超过下列规定：

合金总含量小于 3%时，布氏硬度值≤27HBW；

合金总含量 3%～10%时，布氏硬度值≤300HBW；

合金总含量大于 10%时，布氏硬度值≤350HBW。

7.3.3　耐热合金钢焊缝硬度不低于母材硬度。

7.4.1　焊缝金相组织合格标准是：

a）没有裂纹；

b）没有过烧组织；

c）没有淬硬的马氏体组织。

2.《管道焊接接头超声波检验技术规程》（DL/T 820—2002）

5.5.3　缺陷的级别评定

根据缺陷的性质、幅度、指示长度分为四级：

5.5.3.1　最大反射波幅度达到 SL 线或 Ⅱ 区的缺陷，根据缺陷指示长度按表5的规定予以评级。

5.5.3.2　对接焊缝允许存在一定尺寸根部未焊透缺陷，根据其反射波幅度及指示长度按表6的规定予以评级。

5.5.3.3　性质为裂纹、未融合、根部未焊透（不允许存在未焊透的焊缝）评定为Ⅳ级。

5.5.3.4　发射波幅度位于 RL 线或 Ⅲ 区的缺陷评定为Ⅳ级。

5.5.3.5　最大反射波幅度不超过 EL 线，和反射波幅度位于 Ⅰ 区的非裂纹、未融合、根部未焊透性质的缺陷，评定为 Ⅰ 级。

表5　单个缺陷的等级分类

评定等级 ＼ 检验级别 ＼ 管壁厚度	A 14mm～50mm	B 14mm～160mm	C 14mm～160mm
Ⅰ	$2/3t$，最小 12mm	$t/3$，最小 10mm，最大 30mm	$t/3$，最小 10mm，最大 20mm
Ⅱ	$3/4t$，最小 12mm	$2/3t$，最小 12mm，最大 50mm	$t/2$，最小 10mm，最大 30mm
Ⅲ	$<t$，最小 20mm	$3/4t$，最小 16mm，最大 75mm	$2/3t$，最小 12mm，最大 50mm
Ⅳ	超过Ⅲ级者		

注：t 为坡口加工侧管壁厚度，焊接接头两侧管壁厚度不等时，t 取薄壁管厚度，t 单位为毫米（mm）。

表6　根部未焊透等级分类

评定等级	对比灵敏度	缺陷指示长度 mm
Ⅱ	1.5	≤焊缝周长的10%
Ⅲ	1.5+4dB	≤焊缝周长的20%

表 6（续）

评定等级	对比灵敏度	缺陷指示长度 mm
Ⅳ	超过Ⅲ级者	

注 1：当缺陷反射波幅大于或等于用 SD—Ⅲ型试块调节对比灵敏度 1.5mm 深月牙槽的反射波幅时，以缺陷反射波幅评定。

注 2：当缺陷反射波幅小于用 SD—Ⅲ型试块调节对比灵敏度 1.5mm 深月牙槽的反射波幅时，以缺陷指示长度评定。

6.4.4.1　不允许存在的缺陷：

a）性质判定为裂纹、坡口未融合、层间未融合、未焊透及密集性缺陷者；

b）单个缺陷回波幅度大于或等于 DAC–6dB 者；

c）单个缺陷回波幅度大于或等于 DAC–10dB，且指示长度大于 5mm 者。

6.4.4.2　允许存在的缺陷：

单个缺陷回波幅度小于 DAC–6dB，且指示长度小于或等于 5mm 者。

7.4.4.1　不允许存在的缺陷：

a）性质判定为裂纹、坡口未融合、层间未融合、未焊透及密集性缺陷者；

b）单个缺陷回波幅度大于或等于 DAC + 4dB 者；

c）单个缺陷回波幅度大于或等于 DAC–10dB，且指示长度大于 5mm 者。

7.4.4.2　允许存在的缺陷：

单个缺陷回波幅度小于 DAC + 4dB，且指示长度小于或等于 5mm 者。

3.《钢制承压管道对接焊接接头射线检验技术规范》（DL/T 821—2002）

6.2.2　分级评定

圆形缺陷的焊缝质量分级应根据母材厚度和评定框尺寸确定，各级允许点数的上限值符合表9的规定。

表9 圆形缺陷的分级

评定框尺寸		10×10		10×20		10×30
母材厚度 T mm 点数 质量级别	≤10	>10～15	>15～25	>25～50	>50～100	>100
Ⅰ	1	2	3	4	5	6
Ⅱ	3	6	9	12	15	18
Ⅲ	6	12	18	24	30	36
Ⅳ	缺陷点数大于Ⅲ级者，单个缺陷长径大 $1/2T$ 者					

6.2.2.1　Ⅰ级焊缝和母材厚度小于或等于 5mm 的Ⅱ级焊缝内，在评定框尺内不计点数的圆形缺陷数不得多于10个，超过10个时，焊缝质量的评级应分别降低1级。

6.3.1　长宽比大于3的缺陷定义为条状缺陷。包括气孔、夹渣和夹钨。

6.3.2　条状缺陷的焊缝质量分级应符合表10的规定。

表10 条状缺陷的分级

质量级别	母材厚度 T	条状缺陷总长	
		连续长度	断续总长
Ⅰ		0	0
Ⅱ	$T≤12$	4	在任意直线上，相邻两缺陷间距均不超过 $6L$ 的任何一组缺陷，其累计长度在 $12T$ 焊缝长度内不超过 T
	$12<T<60$	$\dfrac{1}{3}T$	
	$T≥60$	20	
Ⅲ	$T≤9$	6	在任意直线上，相邻两缺陷间距均不超过 $3L$ 的任何一组缺陷，其累计长度在 $6T$ 焊缝长度内不超过 T

表 10（续）

质量级别	母材厚度 T	条状缺陷总长	
		连续长度	断续总长
III	9＜T＜45	$\frac{2}{3}T$	在任意直线上，相邻两缺陷间距均不超过 3L 的任何一组缺陷，其累计长度在 6T 焊缝长度内 不超过 T
	T≥45	30	
IV		大于III级者	

注 1：表中 L 为该组条状缺陷最长者的长度。

注 2：当被检焊缝长度小于 12T（II级）或 6T（III级）时，可按被检焊缝长度与 12T（II级）或 6T（III级）的比例折算出被检焊缝长度内条状缺陷的允许值。当折算的条状缺陷总长度小于单个条状缺陷长度时，以单个条状缺陷长度为允许值。

注 3：当两个或两个以上条状缺陷在一直线上且相邻间距小于或等于较小条状缺陷尺寸时，应作为单个连续条状缺陷处理，其间距也应计入条状缺陷长度，否则应分别评定。

6.5.1　外径大于 89mm 的管子，其焊缝根部内凹缺陷的质量分级应符合表 13 的规定。

表 13　焊缝根部内凹分级

质量级别	内凹深度		内凹总长占焊缝总长的百分比 %
	占壁厚百分比 %	极限深度 mm	
I	≤10	≤1	≤25
II	≤15	≤2	
III	≤20	≤3	
IV	大于III级者		

6.5.2　外径小于或等于 89mm 的管子，其焊缝根部内凹缺陷的质量分级应符合表 14 的规定。

表 14　焊缝根部内凹分级

质量级别	内凹深度		内凹总长占焊缝总长的百分比 %
	占壁厚百分比 %	极限深度 mm	
I	≤10	≤1	≤30
II	≤15	≤2	

表14（续）

质量级别	内凹深度		内凹总长占焊缝总长的百分比 %
	占壁厚百分比 %	极限深度 mm	
III	≤20	≤3	≤30
IV	大于III级者		

6.7 综合评级

在评定框尺内，同时存在几种类型缺陷时，应先按各类缺陷分别评级，然后将各自评定级别之和减1作为最终级别（大于III级者为IV级）。

二、施工工艺流程

坡口制备与清理→对口→点固焊及氩弧焊封底→手工电弧焊填充盖面→焊工自检及专检→焊后热处理→无损检验→验收。

三、工艺质量要求

（1）采用机械加工 V 形坡口。

（2）焊接坡口面及内外壁 20mm 范围内的油、锈、漆、垢等杂质清理打磨，露出金属光泽；不得有裂纹，夹层等缺陷。

（3）对口间隙 3～4mm，局部错口不大于 1mm 打底、电焊盖面焊接工艺，小径管采用氩弧焊。

（4）采用全部氩弧焊或氩弧焊封底电焊盖面焊接工艺。

（5）管道直径大于 219mm，两人分段，对称焊接；管道直径小于 219mm，一人分段对称焊接。多层多道焊，层间接头错开10～20mm。

（6）合金钢焊口应保持层间温度 250～350℃，且不得低于预热温度下限。

（7）焊缝过渡圆滑、匀直、接头良好，无咬边、裂纹、弧坑、气孔、夹渣等缺陷。

（8）焊接接头焊缝余高在 0～2.5mm 之间，焊缝宽窄差不大于 3mm。

（9）局部错口值应小于 1mm，角变形不大于 3/200。

四、工艺质量通病防治措施

1. 管口焊前清理不彻底

预防措施：要求焊工焊接前将坡口及附近母材清理干净后方可施焊（包括 PT 或 MT 探伤后的痕迹）。

2. 未规范使用焊条保温筒

预防措施：焊前对焊工的技术交底，强调规范使用焊条保温筒的重要性。

3. 填充层焊接电流过大

预防措施：施焊过程中焊接技术员和质检员要加大检查力度；大口径管焊接时采用远红外测温仪全程跟踪控制。

4. 焊接二次线裸露

预防措施：焊接前、后仔细检查。

5. 焊后不认真检查焊缝外观质量

预防措施：明确焊工的责任；要求焊工本人应对所焊接头焊接后按规定进行清理，进行仔细的外观检查。

焊接质检员应按《焊接接头分类检验的项目范围及数量》表中规定的比例检验。

五、质量工艺示范图片

消防水管氩弧焊接工艺、二氧化碳自动焊接工艺、循环水管焊接工艺、低压管道焊接工艺示范图片分别见图 3-7～图 3-10。

图 3-7　消防水管氩弧焊接工艺　　　　图 3-8　二氧化碳自动焊接工艺

图 3-9 循环水管焊接工艺　　图 3-10 低压管道焊接工艺

第五节　烟囱钢内筒钢／钛复合板焊接

一、相关强制性条文

1.《火力发电厂焊接技术规程》（DL/T 869—2012）

> 3.3.1.1 钢材材质应符合设计选用标准的规定，进口钢材应符合合同规定的技术条件。钢材应附有材质合格证书。首次使用的钢材应收集焊接性资料和焊接、焊接热处理以及其他热加工方法的指导性工艺资料，按照 DL/T 868 确认焊接工艺。
>
> 3.3.2.7 首次使用的新型焊接材料应由供应商提供该材料熔敷金属的化学成分、力学性能（含常、高温）、AC_1、指导性焊接及热处理工艺参数等技术资料，经过焊接工艺评定后方可在工程中使用。
>
> 4.1.3 焊件组对的局部间隙过大时，应设法修整到规定尺寸，不应在间隙内加填塞物。
>
> 4.2.3 焊件经下料和坡口加工后应按照下列要求进行检查，合格后方可组对：
>
> a）淬硬倾向较大的钢材，如经过热加工方法下料，坡口加工后要经表面探伤检测合格；

b）坡口内及边缘 20mm 内母材无裂纹、重皮、坡口破损及毛刺等缺陷；

c）坡口尺寸符合图纸要求。

5.3.3　严禁在被焊工件表面引燃电弧、试验电流或随意焊接临时支撑物，高合金钢材料表面不得焊接对口用卡具。

5.3.11　施焊过程除工艺和检验上要求分次焊接外，应连续完成。若被迫中断时，应采取防止裂纹产生的措施（如后热、缓冷、保温等）。再焊时，应仔细检查并确认无裂纹后，方可按照工艺继续施焊。

5.3.15　焊接接头有超过标准的缺陷时，可采取挖补方式返修。但同一位置上的挖补次数一般不得超过三次，耐热钢不得超过两次，并应遵守下列规定：

a）彻底清除缺陷；

b）补焊时，应制定具体的补焊措施并按照工艺要求实施。

5.3.17　不得对焊接接头进行加热校正。

6.1.4　外观检查不合格的焊缝，不允许进行其他项目检验；

6.3.6　对修复后的焊接接头，应 100%进行无损检验。

2．《钛及钛合金复合钢板焊接技术要求》（GB/T 13149—2009）

3.3　按设计图样选择钛焊丝，钛焊丝应符合 GB/T 3623 或 JB/T 4745 的要求。

3.5　焊接用氩气应符合 GB/T 4842。

二、施工工艺流程

基层钢焊接结束经检验合格后→钛复层焊前对口间隙检查→坡口面及焊丝清理→点固焊及氩弧焊→焊工自检及专检→无损检验→验收。

焊接施工过程包括上述重要工序；上道工序经检验，符合要求后方准进行下道工序；否则，禁止下道工序施工。

三、工艺质量要求

（1）TA2 钛填条、钛贴条及钛焊丝，必须进行焊前清洗。清洗后的 TA2 钛填条、钛贴条及钛焊丝用清水冲洗干净，并经烘干或风干后使用。若暂不用的应妥善保管，以免造成新的污染。废清洗液排放应符合要求。钛清洗溶液的配制及清洗操作时间见表 3-1。

表 3-1　　　　　　　　钛清洗溶液的配制及清洗操作时间

溶液成分	配一升所需量（mL/L）	酸洗温度（℃）	酸洗时间（min）
HNO_3	170		
HF	45	室温	10～20
H_2O	785		

（2）施焊前，基层钢及钛复层的坡口区要进行清洗，不得有污染。如加工的坡口被污染，必须进行清洗或用机械方法（用角向砂轮机或用刮刀）清理干净，对钛材再用洁净白布蘸丙酮擦洗。基层钢清洁范围离焊边至少 20mm，钛复层清洁范围离焊边 50mm。

（3）TA2/Q235B 钛-钢复合板焊件装配，基层厚度相同或者厚度不同时均以钛层表面为基准。

（4）钛贴条焊件组对时的定位焊缝应有合适的间距和长度，并且钛贴条左右两条缝定位焊点应相互错开，定位焊应尽量不加焊丝。钛复层与钛塞条之间也应定位点焊。定位焊缝的间距和焊缝长度见表 3-2。

表 3-2　　　　　　　　定位焊缝的间距和焊缝长度

母材板厚（mm）	定位焊间距（mm）	每段定位焊缝长度（mm）
1.2	约 50	5～10

（5）定位焊缝不应有裂纹、气孔、夹钨等缺陷；否则，应清除，重新在附近区域进行定位焊接。

（6）将纳入永久焊缝的定位焊缝，应清除其表面的氧化层等，焊缝颜色为银白色和金黄色为正常，并使焊缝两端平滑过渡以便于接弧；否则，要加以修整。

（7）焊缝缺陷的清除或修整，采用砂轮（机械）修磨的方法进行处理。修磨时要防止伤及无缺陷或不需要修理的部位，避免造成加大焊缝区域的倾向。

（8）焊接环境出现下列任一情况时，应采取有效保护措施；否则，应立即停止焊接工作。

1）焊接环境不清洁，有灰尘、烟雾等；

2）焊接环境风速大于或等于 1.5m/s；

3）焊接环境相对湿度大于 90%；

4）下雨、下雪时；

5）焊接件温度低于 5℃。（钛钢复合板常温下焊接时不需预热。当环境温度低于 5℃时，应在始焊处 80mm 范围内预热，预热温度应控制在 15℃。加热方法可选用火焰加热，焊缝每侧预热宽度应不小于 3 倍焊件厚度，且大于或等于 80mm。预热应采用中性焰加热，并不断均匀移动烘把，严禁火焰局部停止不动。预热过程中，应采用便携式红外线测温仪测温，并记录温度）

（9）焊接过程中特别防止铁离子污染焊缝区，若出现熔深过大，可能产生焊缝融化金属与钢的互熔时，应立即停止焊接，查明原因。

（10）手工钨极氩弧焊工艺参数见表 3-3。

表 3-3　　　　　　　　手工钨极氩弧焊工艺参数

钛板厚（mm）	钨极直径（mm）	焊丝直径（mm）	焊接电流（A）	氩气流量（L/min）	喷嘴直径（mm）
1.2	2	2	70～80	10～14	16

（11）若需调整工艺参数，必须征得监理和业主的认可后，方能进行调整，但调整幅度不得超过原焊接工艺评定时所制定的相应工艺参数的10%，并经试焊后才能正常焊接；并在焊接记录中注明。

如果工艺参数调整超过原工艺参数的10%，经试焊仍不能满足焊接要求时。应认真核对外界条件是否变化及焊材、焊接设备、保护氩气的情况等。待问题解决后再进行焊接，并在焊接记录中注明。

（12）钛焊接时要采用引弧板和息弧板，不准在工件表面上打弧。发生触钨时，应立即停止焊接，该部分焊缝要铲除，更换钨极后再进行焊接作业。

（13）焊接作业时，焊缝应尽可能地长，当中间出现停焊，重新进行焊接时，焊缝应重合10mm左右。

（14）焊接时不得随意起弧，焊缝成形应光滑、均匀，不得有气孔、坑、氧化等缺陷，焊接完成后应进行自检，发现问题及时修补处理。

（15）焊后要清理工件表面焊渣、焊瘤、飞溅物以及其他污物，必要时应对焊缝局部修整。

（16）焊接操作工必须穿戴清洁工作服、洁净的工作鞋及白手套才能进行钛复层的焊接作业，防护面罩必须用头戴式且不得有漏光现象。

（17）焊缝质量检验要求：

1）钛复合层焊缝质量检验在焊接完成后24h，进行钛焊缝区表面颜色检查焊缝颜色为银白色和浅黄、金黄色为正常，蓝色、紫色稍差需去除氧化色，去不掉应返修。焊缝表面呈灰色或有黄色粉状物，必须进行返修。

2）进行钛焊缝区铁离子检查，合格后再进行100%的着色渗透检测，检验标准按 JB/T 4730.5—2005《承压设备无损检测 第5部分：渗透检测》进行，合格标准则必须符合设计要求。

（18）对焊缝缺陷进行修复时，应首先对缺陷进行砂轮修磨清理，再用白布蘸丙酮进行擦洗清理，清理完成后再进行返修补焊，返修部位、返修过程应记入质量档案。原则上同一部位的返修补焊不得超过两次，若两次修复后仍不合格，应用砂轮将以缺陷部位为中心，周围向外延伸 10mm 左右的钛层去除，然后选用 2mm 厚的钛板，用机械方法制取与去除部位同等尺寸的钛板条，并对去除部位、钛板条用丙酮进行清洗，待晾干后进行补块焊接，并将其记入质量档案。

四、工艺通病防治措施

1. 焊前坡口及焊丝清理不彻底

预防措施：要求焊工焊接前将坡口附近母材及焊丝清洗干净，检查合格后方可施焊。

2. 钛焊缝区表面有氧化现象

预防措施：为避免氧化，应采用较小的焊接工艺参数；焊接时要加扣拖罩或采用 60°大喷嘴加以保护（拖罩或 60°大喷嘴能保护温度在 370℃以上的焊缝和热影响区）。

3. 焊接二次线裸露

预防措施：焊接前、后仔细检查。

4. 焊后不认真检查焊缝外观质量

预防措施：明确焊工的责任；要求焊工本人应对所焊接头焊接后按规定进行清理，进行仔细的外观检查。

焊接质检员应按"焊接接头分类检验的项目范围及数量"表中规定的比例检验，必要时使用焊缝检验尺或 5 倍放大镜；对可经打磨修复的外观超标缺陷应该做记录。

五、质量工艺示范图片

烟囱钛复合板焊接工艺示范图片见图 3-11。

图 3-11　烟囱钛复合板焊接工艺

HUODIAN GONGCHENG CHUANGYOU GONGYI
CEHUA SHILI

火电工程创优工艺
策划实例

孙家华　王绪民　陶国良
侯　敏孙　龙　耿立新　编著

下册

中国电力出版社
CHINA ELECTRIC POWER PRESS

内 容 提 要

本书结合多年来火电工程建设创优管理的实践，总结了多个火力发电厂成功的经验，规范了火电工程建设过程中各专业创优工艺标准。

本书主要内容包括锅炉、汽轮机、焊接、土建、电气、热控专业，涵盖了各个专业的相关工程建设标准的强制性条文、施工工艺流程、工艺质量控制措施、工艺质量通病防治措施、质量工艺示范图片等内容，目标明确，重点突出，内容丰富，措施具体，可操作性强。

本书适用于各级从事火电工程建设的施工、管理人员，还可供核电施工工艺策划人员参考。

图书在版编目（CIP）数据

火电工程创优工艺策划实例/孙家华等编著. —北京：中国电力出版社，2014.12
ISBN 978-7-5123-6888-0

Ⅰ. ①火…　Ⅱ. ①孙…　Ⅲ. ①火电厂－电力工程
Ⅳ. ①TM621

中国版本图书馆 CIP 数据核字（2014）第 290162 号

中国电力出版社出版、发行

（北京市东城区北京站西街 19 号　100005　http://www.cepp.sgcc.com.cn）
汇鑫印务有限公司印刷
各地新华书店经售

*

2014 年 12 月第一版　　2014 年 12 月北京第一次印刷
880 毫米×1230 毫米　32 开本　11.75 印张　283 千字
印数 0001—3000 册　　定价 **36.00** 元（上、下册）

敬 告 读 者

本书封底贴有防伪标签，刮开涂层可查询真伪
本书如有印装质量问题，我社发行部负责退换

前　言

　　随着火电行业的飞速发展，国家、行业颁布实施了一系列关于火电工程建设管理的法律、法规及相关规程等，为规范火电工程建设管理，提高电力建设质量水平，奠定了良好的基础。其中，电力建设专家委员会站在技术创新的前沿，开展深入的调研，组织编制了《创建电力优质工程》系列书籍，指导各火电项目创建优质工程。通过近几年的实践，国内外一大批电力工程的建设质量达到了国内甚至国际先进水平。但是，在创优检查过程中仍发现很多项目施工工艺水平参差不齐，甚至在施工过程中有违反工程建设标准强制性条文的现象。

　　为了更深入的规范火电工程创优施工工艺标准，落实工程建设标准强制性条文，提高施工质量工艺水平，编写人员历时5年，调研或参与了十里泉电厂、华威电厂、邹县电厂、菏泽电厂、大别山电厂、田集电厂、漕泾电厂、外高桥电厂、平顶山电厂、白城电厂、芜湖电厂、平圩电厂、海阳核电厂等10多个工程项目的创优工作，经过归纳、分析、总结、提炼，形成了《火电工程创优工艺策划实例》一书。

　　《火电工程创优工艺策划实例》分锅炉、汽轮机、焊接、土建、电气、热控专业，讲述了工程创优施工工艺策划，重点是各个专业"相关强制性条文"、"施工工艺流程"、"工艺质量控制措施"、"工艺质量通病防治措施"、"质量工艺示范图片"等内容，目标明确，重点突出，内容丰富，措施具体，可操作性强。在写作过程中我们得到了很多专家、老师的无私帮助，在此表示衷心的感谢。

　　本书在编写过程中，参照并引用了电力建设行业标准的部分内容，并得到了中电投电力工程有限公司、中能建安徽电力建设第二工程公司、山东电力建设第一工程公司等相关单位的大力支持与帮助，在此表示衷心的感谢。

由于编著者的水平、经验所限，书中难免有疏漏和不足之处，敬请各位批评指正。

编著者

2014 年 10 月

目　录

下　册

第四章

土 建 部 分

第一节　清水混凝土结构

一、相关强制性条文

《电力建设施工质量验收及评价规程　第1部分：土建工程》
（DL/T 5210.1—2012）

> 5.10.1　模板分项工程
>
> 　1　模板及其支架应根据工程结构形式、荷载大小、地基土类别、施工设备和材料供应等条件进行设计。模板及其支架应具有足够的承载能力、刚度和稳定性，能可靠地承受浇筑混凝土的重量、侧压力以及施工荷载。
>
> 　2　模板及其支架拆除的顺序及安全措施应按施工技术方案执行。
>
> 5.10.10　混凝土分项工程
>
> 　1　水泥进场时应对其品种、级别、包装或散装仓号、出厂日期等进行检查，并应对其强度、安定性及其他必要的性能指标进行复验，其质量必须符合现行国家标准《硅酸盐水泥、普通硅酸盐水泥》（GB 175）等的规定。
>
> 　当在使用中对水泥质量有怀疑或水泥出厂超过三个月（快硬硅酸盐水泥超过一个月）时，应进行复验，并按复验结果使用。钢筋混凝土结构、预应力混凝土结构中，严禁使用含氯化

物的水泥。

检查数量：按同一生产厂家、同一等级、同一品种、同一批号且连续进场的水泥，袋装不超过 200t 为一批，散装不超过 500t 为一批，每批抽样不少于一次。

检验方法：检查产品合格证、出厂检验报告和进场复验报告。

2　混凝土中掺用外加剂的质量及应用技术应符合现行国家标准《混凝土外加剂》（GB 8076）、《混凝土外加剂应用技术规范》（GB 50119）等和有关环境保护的规定。

预应力混凝土结构中，严禁使用含氯化物的外加剂。钢筋混凝土结构中，当使用含氯化物的外加剂时，混凝土中氯化物的总含量应符合现行国家标准《混凝土质量控制标准》（GB 50164）的规定。

5.10.15　混凝土施工

1　结构混凝土的强度等级必须符合设计要求。用于检查结构构件混凝土强度的试件，应在混凝土的浇筑地点随机抽取。取样与试件留置应符合下列规定：

1）每拌制 100 盘且不超过 100m³ 的同配合比的混凝土，取样不得少于一次；

2）每工作班拌制的同一配合比的混凝土不足 100 盘时，取样不得少于一次；

3）当一次连续浇筑超过 1000m³ 时，同一配合比的混凝土每 200m³ 取样不得少于一次；

4）每一楼层、同一配合比的混凝土，取样不得少于一次；

5）每次取样应至少留置一组标准养护试件，同条件养护试件的留置组数应根据实际需要确定。

二、施工工艺流程

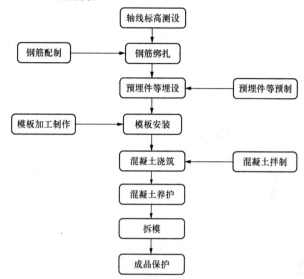

三、工艺质量通病防治措施

1. 柱根部漏浆、烂根

预防措施：

（1）柱模板支设前，应对柱根部模板支设处用 1:2 水泥砂浆找平，找平层要用水平尺进行检查，确保水平平整。

（2）柱模板下口全部过手推刨，确保下口方正平直，柱模板底部还要粘贴一道双面海绵胶带（要与柱内边尺寸齐），以利模板与找平层挤压严密。

（3）柱根部应留设排水孔，模板内冲洗水利于排除，浇混凝土前要用砂浆将排水孔与柱根部模板周围封堵牢固。

（4）对于柱与柱接头处，可在下层柱面上、模板根部部位水平粘贴两道一定厚度的海面胶带，支设加固模板时，可保证模板底部与柱面挤压紧密。

（5）浇筑混凝土前必须接浆处理，即在柱根部均匀浇筑一层 5~10cm 厚的强度高一等级去石混凝土，严禁无接浆浇筑混凝土。

2. 混凝土面模板拼缝明显、混凝土错台

预防措施：

（1）要选用规格、厚度一致的木模板、方木。模板质量要求光洁平整、强度高、质量轻，防水性强，适用清水混凝土工程。加固用方木还要统一过大压创，以确保尺寸精确统一。

（2）模板组合拼装时，严禁模板缝与方木接合缝两缝重合，两缝要错开，方木加固要与模板拼缝垂直设置。

（3）模板接头处应将模板边缘用手工刨推平，然后贴上双面胶带，保证对齐后再进行拼接；双面胶带粘贴时要与模板表面留有 2mm 距离，模板安装及加固时，双面胶带受压后与模板表面齐平，防止凹陷或凸出，造成混凝土成型后缝隙明显。

（4）加固用钢管箍或槽钢箍严禁挠曲、变形，且必须具备足够的强度和刚度，确保清水混凝土表面平整。

柱模板支设示意图见图 4-1。

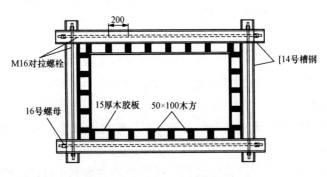

图 4-1　柱模板支设示意图

3. 柱梁线角漏浆、起砂

预防措施：

（1）模板角线要确保规格一致，线条顺畅，进厂后使用前，要统一逐根挑选，挠曲变形及开裂者严禁使用，线条粘贴要专人施工，专人负责。

（2）线条一般固定在小面模板上，钉子间距 200～250mm，以保证线条在支设大面模板时不变形，线条接头处为 45°角接头。

4. 混凝土表面存在气泡

预防措施：清水混凝土模板在混凝土浇筑过程中排水、透气性差，因此混凝土振捣的质量水平很大程度决定于混凝土表面气泡的多少。

（1）混凝土应分层浇筑，分层厚度应满足要求，待第一层混凝土振捣密实，直至混凝土表面呈水平不再显著下沉和产生气泡为止，再浇筑第二层混凝土，在浇筑上层混凝土时，应插入下层混凝土 5cm 左右，以消除两层之间的接缝。

（2）混凝土振捣应插点均匀，快插慢拔，每一插点要掌握好振捣时间，一般振捣时间 20～30s，过短不易捣实并有气泡排出，过长可能造成混凝土分层离析现象，致使混凝土表面颜色不一致。

（3）混凝土振捣时，振动棒若紧靠模板振捣，则很可能将气泡赶至模板边，反而不利于气泡排出，故振动棒应与模板保持150～200 间隙，以利于气泡排出。

（4）混凝土的坍落度、和易性和减水剂的掺入都对混凝土振捣产生一定的影响，选用合理的外加剂，适当增加混凝土搅拌时间，对减少混凝土气泡的产生有一定的益处。

5. 混凝土表面颜色不一致

预防措施：

（1）混凝土配合比要统一：同一批混凝土构件、混凝土所用地材、水泥应同厂家、同品牌，搅拌混凝土必须严格按配合比施工，材料计量应准确。

（2）部分外加剂的掺入可能对混凝土外观颜色造成一定程度的影响，故混凝土配合比确定后，在正式工程施工前，要做样板墙；外加剂要求定厂商、定品牌、定掺量，不能随便改变。

（3）掺加外加剂的混凝土搅拌时间应适当延长，使之充分搅拌均匀，充分融合。

（4）混凝土拌和用水必须满足《混凝土用水标准》（JGJ 63—2006）要求，且有符合要求的检测报告，严禁使用未经检测或者检测不合格的水源。

（5）混凝土在保证振捣密实的情况下，不宜长时间过振和重复振捣，以免造成混凝土分层离析，致使混凝土表面颜色不一致，若因构件表面浮浆较厚，可采用加入适当清洁石子再适度二次振捣的办法，避免表面一层混凝土与下部混凝土颜色不一致。

（6）在不影响周转材料使用的情况下，尽量晚拆模板，一方面使构件在模板内充分养护，防止水分过早散失，另一方面可避免采用浇水养护造成掺有砂、灰尘的污水意外流至混凝土构件表面，造成污染，影响观感。

6. 预埋件不平、歪斜、内陷

预防措施：

（1）预埋件加工制作完成后，必须按要求逐块检查，不合格的埋件严禁安装。

（2）在配好的模板上标出铁件位置，在铁件和模件的相同位置上钻孔，用直径 4～6mm 的螺栓将预埋件紧固于模板表面。预埋件四周边沿与模板间加垫 2mm 厚海绵条，防止两者之间夹浆。拆模时，先拆掉模板外螺帽，模板拆除后，将螺栓切除，用手持砂轮机磨平。

7. 对拉螺栓孔周围漏浆、起砂

预防措施：

（1）采用外对拉螺栓，避免出现螺栓孔。用槽钢与方木增强模板刚度，在槽钢外采用对拉螺栓加固，所采用的槽钢规格、对拉螺栓直径及加固间距通过计算后确定，以保证满足模板加固要求。

（2）需要采用对拉螺栓的混凝土构件，采用在构件模板两侧的相对应位置钻取比 PVC 管大 1mm 的圆孔（PVC 管内径要比对拉螺栓大 2～3mm，PVC 管强度要高些），对拉螺栓从 PVC 管穿过，PVC 管与模板接触部位用密封条粘牢。

四、质量工艺示范图片

汽轮发电机基座、清水混凝土样板、清水混凝土房屋外观、灰库清水混凝土、清水混凝土框架、清水混凝土框架柱示范图片分别见图 4-2～图 4-8。

图 4-2　汽轮发电机基座

图 4-3　清水混凝土样板

图 4-4　清水混凝土房屋外观

图 4-5　灰库清水混凝土

图 4-6　清水混凝土框架（一）

图 4-7　清水混凝土框架（二）

（a）　　　　　　　　　　　（b）

图 4-8　清水混凝土框架柱

第二节　砌 筑 工 程

一、相关强制性条文

《电力建设施工质量验收及评价规程　第 1 部分：土建工程》
（DL/T 5210.1—2012）

> 表 5.10.10　混凝土原材料及配合比设计质量标准和检验方法中部分内容：
>
> 1　水泥进场使用前，应分批对其强度、安定性进行复验。检验批应以同一生产厂家、同一编号为一批。当在使用中对水泥质量有怀疑或水泥出厂超过三个月（快硬硅酸盐水泥超过一个月）时，应复查试验，并按其结果使用。不同品种的水泥，不得混合使用。
>
> 2　凡在砂浆中掺入有机塑化剂、早强剂、缓凝剂、防冻剂等，应经检验和试配符合要求后，方可使用。有机塑化剂应有砌体强度的型式检验报告。
>
> 3　砖和砂浆的强度等级必须符合设计要求。
>
> 4　砖砌体的转角处和交接处应同时砌筑，严禁无可靠措施

的内外墙分砌施工。对不能同时砌筑而又必须留置的临时间断处应砌成斜槎，斜槎水平投影长度不应小于高度的 2/3。

　　5　施工时所用的小砌块的产品龄期不应小于 28d。

　　6　承重墙体严禁使用断裂小砌块。

　　7　小砌块应底面朝上反砌于墙上。

　　8　小砌块和砂浆的强度等级必须符合设计要求。

　　9　墙体转角处和纵横墙交接处应同时砌筑。临时间断处应砌成斜槎，斜槎水平投影长度不应小于高度的 2/3。

　　10　构造柱、芯柱、组合砌体构件、配筋砌体剪力墙构件的混凝土或砂浆的强度等级应符合设计要求。

二、工艺质量通病防治措施

1. 砌块黏结不牢及漏缝

施工要点及预防措施：

（1）黏土砖必须在砌筑前一天浇水湿润，含水率为 10%～15%，一般以水浸入砖四边 1.5cm 为宜，常温施工不得用干砖上墙。

（2）严格控制砂浆配合比，保证砂浆的和易性。

（3）组砌方法采用一铲灰、一块砖、一挤揉的"三一"砌砖法，即满铺、满挤操作法，砌砖时砖要放平。

2. 组砌混乱

施工要点及预防措施：

（1）严格控制砌块质量，保证尺寸、规格一致。

（2）施工前要对砌体进行排活，排活时严格控制门窗、洞口的正确位置。

3. 墙体拉结钢筋尺寸、位置、数量错误

施工要点及预防措施：

砌体留直槎处及构造柱处等应按设计及规范加设拉结钢筋，拉结钢筋的数量为每 120mm 墙厚放置 1 ϕ6 拉结钢筋（120mm 厚

墙放置 $2\phi6$ 拉结钢筋），间距沿墙高不应超过 500mm；埋入长度从留槎处算起每边均不应小于 500mm，对抗震设防烈度 6、7 度的地区，不应小于 1000mm；末端应有 90°弯钩（见图 4-9）。

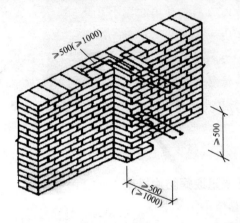

图 4-9　砌体砌筑

4. 构造柱胀模、漏浆

施工要点及预防措施：

（1）构造柱做法：凡设有构造柱的工程，在砌砖前，先根据设计图纸将构造柱位置进行弹线，并把构造柱插筋处理顺直。砌砖墙时，与构造柱连接处砌成马牙槎，每一个马牙槎沿高度方向的尺寸不宜超过 30cm（即五皮砖），马牙槎应先退后进。

（2）在马牙槎砖墙表面粘贴海绵条，确保模板与砖墙之间没有缝隙。

（3）在砌筑墙体时预留模板加固的脚手管孔洞，确保加固的牢固性。

5. 墙面垂直度、平整度、水平灰缝平直度的控制

施工要点及预防措施：

（1）砌砖前应先盘角，每次盘角不超过五层，及时进行吊、靠，如有偏差要及时修整。盘角时要仔细对照皮数杆的砖层和标

高,控制好灰缝大小,使水平灰缝均匀一致。大角盘好后再复查
一次,平整和垂直完全符合要求后,再挂线砌墙。

(2)砌筑一砖半墙必须双面挂线,如果长墙中间应设几个支
线点,小线要拉紧,每层砖都要穿线看平,使水平缝均匀一致,
平直通顺。

三、质量工艺示范图片

加气混凝土砌块与构造柱严密结合、灰渣砖墙与构造柱、混
凝土砌块灰缝、多孔砖墙与混凝土构造柱示范图片分别见图
4-10~图 4-13。

（a）

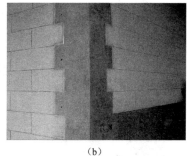
（b）

图 4-10　加气混凝土砌块与构造柱严密结合

图 4-11　灰渣砖墙与构造柱　　　　图 4-12　混凝土砌块灰缝

（a） （b）

图 4-13 多孔砖墙与混凝土构造柱

第三节 屋面工程

一、工艺要求

（1）屋面工程所采用的防水、保温隔热材料应有产品合格证书和性能检测报告，材料的品种、规格性能等应符合现行国家产品标准和设计要求。

（2）屋面（含天沟、檐沟）找平层的排水坡度，必须符合设计要求。

（3）保温层的含水率必须符合设计要求。

（4）卷材防水层不得有渗漏或积水现象。

（5）涂膜防水层不得有渗漏或积水现象。

（6）细石混凝土防水层不得有渗漏或积水现象。

（7）密封材料嵌填必须密实、连续、饱满，黏结牢固，无气泡、开裂、脱落等缺陷。

（8）平瓦必须铺置牢固。地震设防地区或坡度大于 50% 的屋面，应采取固定加强措施。

（9）金属板材的连接和密封处理必须符合设计要求，不得有渗漏现象。

（10）架空隔热制品的质量必须符合设计要求，严禁有断裂和露筋等缺陷。

（11）天沟、檐沟、檐口、水落口、泛水、变形缝和伸出屋面管道的防水构造，必须符合设计要求。

二、工艺质量通病防治措施

1. 屋面积水

施工时应放好线，找好坡，找平层施工中应拉线检查。做到坡度符合要求，平整无积水，卷材铺贴方向应符合下列规定：

（1）屋面坡度小于 3%时，卷材宜平行屋脊铺贴。

（2）屋面坡度在 3%～15%时，卷材可平行或垂直屋脊铺贴。

（3）屋面坡度大于 15%或屋面受振动时，沥青防水卷材应垂直屋脊铺贴，高聚物改性沥青防水卷材和合成高分子防水卷材可平行或垂直屋脊铺贴。

（4）上下层卷材不得相互垂直铺贴。

2. 空鼓

铺贴卷材时基层不干燥。干燥程度的简易检验方法，是将 1m^2 卷材平坦地干铺在找平层上，静置 3～4h 后掀开检查，找平层覆盖部位与卷材上未见水印即可铺设，不符合要求不能铺贴卷材，同时铺贴时应平、实，压边紧密，黏结牢固。

3. 渗漏

多发生在细部位置。铺贴附加层时，从卷材剪配、粘贴操作，应使附加层紧贴到位，封严、压实，不得有翘边等现象。

4. 屋面节点处理

天沟、檐沟、檐口、泛水、雨水口和立面卷材收头的端部应裁齐，塞入预留凹槽内，用金属压条钉压固定，最大钉距不应大于 900mm，并用密封材料嵌填封严。水落口安装牢固、平正，标高及坡度符合设计要求。

女儿墙泛水节点、伸出屋面管道防水节点、雨水口节点示意图分别见图 4-14～图 4-16。

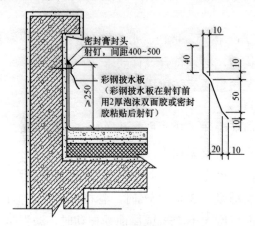

图 4-14　女儿墙泛水节点

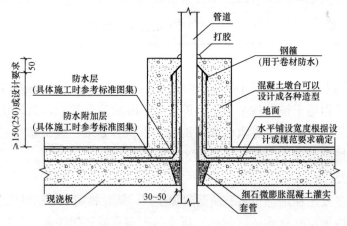

图 4-15　伸出屋面管道防水节点

5. 成品保护

（1）施工过程中应防止损坏已做好的保温层、找平层、防水层、保护层。

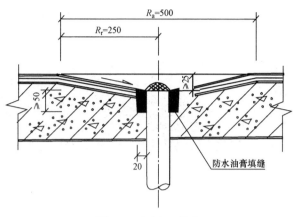

图 4-16　雨水口节点

（2）施工屋面运送材料的手推车支腿应用麻布包扎，防止将已做好的面层损坏。

（3）防水层施工时应采取措施防止污染墙面、檐口及门窗等。

（4）屋面施工中应及时清理杂物，不得有杂物堵塞水落口、天沟等。

（5）屋面施工各构造层应及时进行，特别是保护层应与防水层连续做，以保证防水层的完整。

三、质量工艺示范图片

屋面排汽孔、屋面雨水口、屋面排气管节点示范图片分别见图 4-17～图 4-19。

图 4-17　屋面排汽孔

图 4-18　屋面雨水口

图 4-19　屋面排气管节点

第四节　外墙装饰工程

一、工艺要求

参考整体形象和视觉效果进行设计，色彩依据《中国建筑色卡》。具体如下：

（1）主厂房外观及色彩按"凝汽机组，锅炉紧身封闭方案"。

图 4-20　主厂房及锅炉、烟囱外观效果

（2）输煤系统钢结构梁、柱为浅灰色，钢筋混凝土梁柱采用清水混凝土施工工艺，为混凝土本色。

（3）输煤转运站外立面采用灰白色和深灰色涂料。

主厂房及锅炉、烟囱外观效果，附属建筑物外观效果分别见图 4-20、图 4-21。

图 4-21　附属建筑物外观效果

二、外墙装饰材料及色彩

主要建构筑物外立面装饰装修材料及色彩见表 4-1。

表 4-1　　　主要建构筑物外立面装饰装修材料及色彩表

序号	建筑物名称	部位	装饰材料	色彩	备注
1	汽机房	墙身	压型钢板（运转层窗台以下）	深灰色 1271	
			压型钢板（运转层窗台以上）	灰白色 1276	
		色带	压型钢板	深蓝色 1226	
		首层窗下墙或 1.2m 以下墙	自定	深灰色 1271	
		窗	铝合金或塑钢/彩板	白色/灰白色 1276	
		门	彩板	深灰色 1271	
		勒脚	自定	浅灰色 1274	
2	除氧煤仓间	墙身	压型钢板	深灰色 1271	
		窗	铝合金或塑钢/彩板	白色/灰白色 1276	
		门	彩板	深灰色 1271	
3	锅炉房	紧身封闭	压型钢板	深灰色 1271 灰白色 1276	
		色带	压型钢板	深蓝色 1226	
		窗	铝合金或塑钢/彩板	白色/灰白色 1276	
		门	彩板	深灰色 1226	
		锅炉钢架	油漆	浅灰色 1274	
		锅炉钢梯	油漆	灰白色 1276	
		露天布置炉顶防雨罩	压型钢板	深蓝色 1226 灰白色 1276	

续表

序号	建筑物名称	部位		装饰材料	色彩	备注
3	锅炉房	锅炉电梯围护墙		压型钢板	灰白色 1276	
4	集中控制楼	墙身		压型钢板或涂料	灰白色 1276	
		色带		压型钢板或涂料	深蓝色 1226	
		窗		铝合金或塑钢/彩板	白色/灰白色 1276	
		门		彩板	深灰色 1271	
5	输煤建筑	转运站	墙身	涂料	灰白色 1276 深灰色 1271	
			窗	铝合金或塑钢/彩板	白色/灰白色 1276	
			门	彩板	灰白色 1276	
		栈桥	墙面及顶部	压型钢板	浅灰 1274	
			窗	铝合金或塑钢/彩板	白色/灰白色 1276	
			结构梁、柱	—	混凝土本色	钢筋混凝土结构
				油漆	浅灰色 1274	钢结构
6	电气、除灰、输煤、化学、水工等辅助生产建筑	墙身		涂料	灰白色 1276 深灰色 1271	
		色带		涂料	深蓝色 1226	
		窗		铝合金或塑钢/彩板	白色/灰白色 1276	
		门		彩板	灰白色 1276	

序号	建筑物名称	部位	装饰材料	色彩	备注
7	烟囱	顶部 1/3 高度内	航标油漆	深黄色 1226 浅蓝色 0574	
8	冷却塔	—	—	混凝土本色	
9	灰库	—	—	混凝土本色	
10	室外变压器围栅	—	自定	白色	砌体围墙
		—	油漆	中黄色 1112	钢制围墙
11	防火墙	墙	—	混凝土本色	
12	厂区管架	—	—	混凝土本色	钢筋混凝土管架
		—	油漆	浅灰色 1274	钢制管架
13	尾部烟道及烟道支架		—	混凝土本色	钢筋混凝土
			油漆	浅灰色 1274	钢制

注 雨篷的材料及颜色同墙身。

三、主厂房、锅炉金属墙板施工工艺

1. 材料进场检查

（1）压型钢板表面清洁、色泽均匀、无明显手感凹凸、波形一致。

（2）切口整齐、平直，无裂纹和扭翘。

（3）有涂层的压型金属板，涂镀层不应有肉眼可见的裂纹、剥落和擦痕等缺陷。

（4）屋面板有隔热材料时，钢板与隔热材料黏结牢固，无撕裂、剥落。

（5）夹芯板靠边无胶区的宽度不大于 35mm。

2. 施工工艺流程

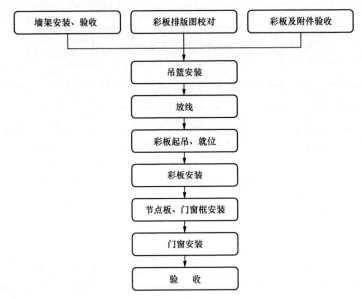

3. 檩条安装

安装墙板的檩条骨架必须平直，无弯曲，安装前应检查校正，符合要求后，方能安装压型钢板。

4. 彩板安装

（1）彩色压型钢板应自下而上，从墙面的一边向另一边依顺序进行安装。

（2）第一块彩板安装时，在屋面女儿墙上吊一根垂线，作为彩板安装的基准线。该垂线和第一块彩板将成为后续彩板安装和校正的引导线，以后每一块彩板安装应将其边搭接在前一块彩板上。

（3）墙板波楞搭接应紧贴，搭接长度与方向应符合下列要求：

1）竖向应顺水搭接，搭接长度应符合设计要求且不小于120mm。

2）横向应顺风向搭接，搭接一个波峰和波谷。

3）搭接处应打两道硅胶密封或贴统长黏胶带。

4）搭接时，内外板应伸出檩条中心线 1/2 搭接设计长度且不应小于 60mm。

（4）彩板的固定应符合下列要求：

1）采用自攻螺钉波谷固定法，竖向每根檩条一颗，横向每波谷处固定一颗；或采用水平方向沿骨架用自攻螺钉固定，垂直方向用抽芯铆钉固定，位置在水平向搭接波各处。

2）使用自攻螺钉时，钻孔孔径应经试验确定，一般孔径宜比自攻螺钉直径小 0.5mm；抽芯铆钉钻孔径宜比铆钉直径大 0.2mm 孔。

3）使用手枪钻钻孔时，应与墙面檩条垂直，用力均匀，一次钻成。

4）自攻螺钉应由生产彩板厂提供并与彩板同色。

5）使用自攻螺钉枪打自攻螺钉时，应与彩板垂直，并对准檩条中心，打前应拉线，使自攻螺钉布置横平竖直。

四、水泥砂浆抹面、外墙涂料及块料面层施工工艺

1. 相关强制性条文

（1）外墙和顶棚的抹灰层与基层之间及各抹灰层之间必须黏结牢固。

（2）建筑外门窗必须安装牢固，在砌体上安装门窗严禁用射钉固定。

（3）饰面板安装工程的预埋件（或后置埋件）、连接件的数量、规格位置、连接方法和防腐处理必须符合设计要求。后置埋件的现场拉拔强度必须符合设计要求。

（4）饰面砖粘贴必须牢固。

2. 工艺质量通病防治措施

（1）外墙抹灰层出现空鼓、裂缝现象。施工要点及预防措施：

1）把好原材料质量关。水泥必须严格按规范要求进行检验，砂子使用中粗砂，砂的颗粒要坚硬洁净，控制含泥量不大于 3%。

2）认真做好抹灰基层的处理。混凝土基层表面应进行凿毛处理，抹灰前，必须提前一天浇水，并浇透浇匀。

3）两种不同基体交接处的处理应符合墙体防裂措施的要求。应采用加钢丝网进行处理，钢丝网与各基体的搭接宽度不应小于150mm，固定牢固。

4）严格控制砂浆配合比、和易性和黏结强度。为了保证砂浆与基层黏结牢固，可在砂浆中掺适量107胶以增强水泥砂浆与基层的黏结，解决砂浆的空裂问题。

5）严格分层抹压。待前一层抹灰凝结后六、七成干，方可涂抹后一层。如果一次涂抹过厚或各层之间抹灰跟得过紧，则干缩较大易产生空裂。

6）施工中砂浆随拌随用，停放时间不宜超过 3h，并且罩面完成后，次日应浇水养护，宜用喷雾器对墙喷淋，保持墙面湿润7d以上。

（2）外墙抹灰分格缝不平、缺棱错缝。施工要点及预防措施：

1）拉通线弹出水平及垂直分格线，柱子等侧面用水平尺引过去，保证平直度，竖向分格缝，应统一吊线分块。

2）水平分格条一般应粘在水平线下边，竖向分格条一般应粘在垂直线左侧，以便检查其准确度，防止发生错缝、不平现象，分格条两侧可用素水泥浆固定。面层压光时将分格条内水泥砂浆清刷干净。

3）分格条采用一次性符合分格条宽度和深度的塑料条，该条永远镶嵌在墙体上，分格条的断面形式要防止抹灰收缩后弹出。

（3）雨水污染外墙墙面。施工要点及预防措施：

1）女儿墙顶、窗台、雨篷以及凸出墙腰线等部位，其顶部应做足够的流水坡度。

2）外墙突出部位下口应做滴水线或滴水槽，滴水槽严禁任意划出，必须采用嵌条法施工，同外墙抹面分格条。使滴水槽棱角整齐、顺直、槽内平整光滑。

（4）外墙涂料出现色泽不均、透底、流坠等现象。施工要点及预防措施：

1）选用涂料的材料品种和质量符合设计要求和国家标准规定。

2）涂料刷涂基层表面应处理平整、光洁，清除表面油、水等污物。

3）严格控制涂料的稠度，将涂料调均匀，不可随意加稀释剂。

4）涂刷涂料按工艺程序进行：先竖向、横向、斜向，最后再竖向将涂料理平，使之涂料的涂膜厚度均匀一致。

（5）外墙面砖出现渗漏、空鼓、脱落现象。施工要点及预防措施：

1）避免用于内墙的石膏质胎底的面砖用到外墙，施工前应做材质检验包括冻融试验和含水率试验等。

2）施工前应对所有立面进行综合设计，调整好砖缝。

3）基层墙面必须清除干净，不应留有垃圾、油质。光滑的混凝土墙面应采取措施或凿毛处理，抹基层砂浆前应浇水湿润。

4）认真按配合比计量搅拌砂浆，控制水灰比。

5）按规定分层抹找平层，每层间隔时间不宜太短。

6）找平层必须找平，使面砖粘贴砂浆厚度一致。

7）面砖使用前应用水浸泡到无气泡为止，但不少于 2h ，然后出水晾干（外干内湿）才能使用。

8）面砖使用前必须剔选，确保尺寸一致。应剔除缺楞、掉角、翘曲、裂缝、疏松等劣质砖。

9）在粘贴砂浆未收水前及时对面砖进行纠偏，防止空鼓。

10）冬期来临前施工要注意防寒、防冻，暑期应采取遮盖措施避免曝晒。

11）粘贴砂浆必须饱满，勾缝严密、光滑、平直。

（6）外墙面砖分缝不均匀、墙面不平整。施工要点及预防措施：

1）施工前应根据设计图纸尺寸和结构实际偏差情况进行排砖设计，并画出施工大样图，一般要求横缝应与窗洞上口和外窗台相平，竖向要求阳角、窗台处都是整砖，非整砖放在阴角处，当为立砖粘贴时窗洞上口和窗台处不得出现小于 1/2 砖高的面砖，应全面考虑横缝的宽窄，确定横缝竖缝的大小，并划出皮数杆。对窗间墙，砖垛等处要事先测好中心线，水平分格线，阴阳角直线，以作为安装门窗框、窗台、腰线等依据，防止在这些部位产生挑砖不整齐和格缝不均等问题。

2）灰饼间距不大于 1.5m，粘贴面砖前要在找平层上根据皮数杆从上到下弹上若干水平线，在阴阳角、窗口处、大墙面一般隔 5～10 皮砖弹上垂直线作为贴面砖时的控制标志。

3）粘贴面砖时，应保持面砖上口平直，一个垂直边与垂线平齐，若不平时应在砖下口用木片等垫平，随时检查，粘贴后应将立缝处灰浆随时清理干净。

4）找平层必须找平，尤其是用纯水泥粘贴的面砖基层，确保粘贴砂浆厚薄均匀，使砂浆收缩率基本一致，保证墙面平整度。

3. 质量工艺示范图片

外墙假麻石墙裙、外墙面砖、外墙面砖与伸缩缝施工、室外散水施工工艺、室外坡道、外墙涂料及分格缝示范图片分别见图 4-22～图 4-27。

 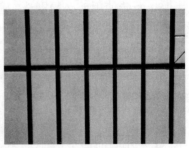

图 4-22　外墙假麻石墙裙　　　　　　图 4-23　外墙面砖

图 4-24　外墙面砖与伸缩缝施工

图 4-25　室外散水施工工艺

图 4-26　室外坡道

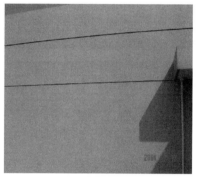

图 4-27　外墙涂料及分格缝

第五节　室内装饰工程

一、工艺要求

参考传统火力发电厂的要求，建构筑物室内装饰装修材料及色彩的部位必须符合《火力发电厂色彩统一规定》，包括地面、墙身、顶棚、门窗、柱、梁、墙裙、踢脚等，如表4-2所示。

表 4-2　　　　主要建构筑物室内装饰装修材料及色彩表

序号	建筑物名称	部位	装饰材料	色彩	备注
1	汽机房	地面	耐磨彩色地面硬化剂或地砖	浅灰色1274	
		中间层楼面	耐磨彩色地面硬化剂或水泥砂浆	浅灰色1274	
		运转层楼面	塑胶地板或地砖	浅黄色0851	
		屋架	油漆	浅灰色1274	
		顶棚	涂料	白色	压型钢板底模不做装饰
		内墙面	涂料	白色	
			压型钢板	乳白色1301	推荐
		梁、柱	油漆	浅灰色1274	钢结构
			—	凝土本色	钢筋混凝土结构
		钢格板或支墩	—	颜色同楼地面	采用镀锌钢格板为本色
		门	油漆	浅灰色1274	
		参观走道	同楼地面	中黄色1112	宽度为1.5m
		楼地面警戒线	地板漆	中黄色线条与黑色线条相间	见中国电力投资集团公司《生产现场安全标识规范》
2	除氧间	地面	耐磨彩色地面硬化剂或地砖	浅灰色1274	
		中间层楼面	耐磨彩色地面硬化剂或水泥砂浆	浅灰色1274	

续表

序号	建筑物名称	部位	装饰材料	色彩	备注
2	除氧间	运转层楼面	塑胶地板或地砖	浅黄色 0851	
		内墙面	涂料	白色	
			压型钢板	乳白色 1301	推荐
		梁、柱	—	混凝土本色	C排与墙相连柱，涂刷同墙面相同的材料
			油漆	浅灰色 1274	钢柱
3	煤仓间	地面	细石混凝土	混凝土本色	
		运转层楼面	耐磨彩色地面硬化剂	浅灰色 1274	
		皮带层、煤斗层等楼面	细石混凝土或耐磨彩色地面硬化剂	浅灰色 1274	
		内墙面	涂料	白色	
			压型钢板	乳白色 1301	推荐
		梁、柱	—	混凝土本色	C排与墙相连柱，涂刷同墙面相同的材料
			油漆	浅灰色 1274	钢柱
4	锅炉房	地面	细石混凝土	混凝土本色	
		运转层楼面	耐磨彩色地面硬化剂	浅灰色 1274	
		锅炉钢架	油漆	浅灰色 1274	
		钢梁、钢柱、钢梯及栏杆	油漆	浅灰色 1274	

续表

序号	建筑物名称	部位	装饰材料	色彩	备注
5	集中控制室	集控室楼面	塑胶地板或防滑地砖	银灰色 0622	推荐
		集控室墙面	涂料或铝板	浅灰色 1274	
		电子设备间内墙	涂料	乳白色 1301	
		电子设备间地面	塑胶地板或地砖	银灰色 0622	
		吊顶	矿棉板或铝板	白色	
		配电室	塑胶地板或防滑地砖	灰白色 1276	
		其他设备间	—	混凝土本色	
6	电气用房	楼、地面	塑胶地板或防滑地砖	蓝灰色 1614	推荐
		电缆夹层	细石混凝土	浅灰色 1274	
		顶棚	涂料	白色	
		内墙面	涂料	白色	
		门	油漆	浅灰色 1274	
7	引风机室	地面	耐磨彩色地面硬化剂或水泥砂浆	银灰色 0622	推荐
		顶棚	涂料	白色	
		内墙面	耐擦洗涂料	白色	
		门	油漆	浅灰色 1274	
8	除尘、脱硫控制间	楼、地面	耐磨彩色地面硬化剂	银灰色 0622	推荐

续表

序号	建筑物名称		部位	装饰材料	色彩	备注
8	除尘、脱硫控制间		顶棚	涂料	白色	推荐
			吊顶	石膏板	白色	
			内墙面	耐擦洗涂料	白色	
			门	油漆	浅灰色1274	
9	化学建筑		楼地面	耐磨防腐彩色地面硬化剂或防腐地砖	银灰色0622	
			内墙面	涂料	白色	车间刷防腐涂料
			墙裙	瓷砖	白色	车间刷防腐涂料
			零米沟盖板	玻璃钢	中黄色1112	
			顶棚	耐擦洗涂料或岩石棉吊顶	白色	
			屋架	油漆	浅灰色1274	
			门	油漆	浅灰色1274	车间采用铝合金
10	输煤建筑	转运站	楼、地面	耐冲洗防水楼地面	银灰色0622	推荐
			顶棚	涂料	白色	
			内墙面	耐擦洗涂料	白色	
		栈桥	墙面	压型钢板或涂料	乳白色1301	

二、楼地面工程

1. 施工要求

（1）建筑地面工程采用的材料应按设计要求的规定选用，并应符合国家标准的规定。进场材料应有中文质量合格证明文件、规格、型号及性能检测报告，对重要材料应有复验报告。

（2）厕浴间和有防滑要求的建筑地面的板块材料应符合设计要求。

（3）厕浴间、厨房和有排水（或其他液体）要求的建筑地面面层与相连接各类面层的标高差应符合设计要求。

（4）有防水要求的建筑地面工程，铺设前必须对立管、套管和地漏与楼板节点之间进行密封处理，排水坡度应符合设计要求。

（5）厕浴间和有防水要求的建筑地面必须设置防水隔离层。楼层结构必须采用现浇混凝土或整块预制混凝土板，混凝土强度等级不应小于 C20，楼板四周除门洞外应做混凝土翻边，其高度不应小于 120mm，施工时结构层标高和预留孔洞位置应准确，严禁乱凿洞。

（6）防水隔离层严禁渗漏坡向应正确排水通畅。

（7）不发火（防爆的）面层采用的碎石应选用大理石、白云石或其他石料加工而成，并以金属或石料撞击时不发生火花为合格；砂应质地坚硬、表面粗糙，其粒径宜为 0.15～5mm 含泥量不应大于 3%，有机物含量不应大于 0.5%，水泥应采用普通硅酸盐水泥，其强度等级不应小于 32.5，面层分格的嵌条应采用不发生火花的材料配制。配制时应随时检查不得混入金属或其他易发生火花的杂质。

2. 工艺质量通病防治措施

（1）地面起砂。施工要点及预防措施

1）严格控制水灰比。事前垫层要充分湿润，涂刷水泥浆要均匀，冲筋间距不宜太大，最好控制在 1.2m 左右，随铺灰随用短杠刮平。

2）掌握好面层的压光时间。

3）确保抹压遍数要至少 3 遍，且压光后，应视气温情况，一般在一昼夜后进行洒水养护，或用草帘、锯末覆盖后洒水养护。

4）合理安排施工流程，避免上人过早。

5）在低温条件下抹水泥地面，应防止早期受冻。

6）水泥宜采用早期强度较高的普通硅酸盐水泥。

（2）地面空鼓。施工要点及预防措施：

1）严格处理底层（垫层或基层）。

2）注意结合层施工质量：刷素水泥浆应与铺设面层紧密配合，严格做到随刷随铺。铺设面层时，如果素水泥浆已风干硬结，则应铲去后重新涂刷。

3）保证炉渣垫层和混凝土垫层的施工质量：混凝土垫层应用平板振捣器振实，高低不平处，应用水泥砂浆或细石混凝土找平。

4）冬期施工如使用火炉采暖养护时，炉子下面要架高，上面要吊铁板，避免局部温度过高而使砂浆或混凝土失水过快，造成空鼓。

（3）地面裂缝。施工要点及预防措施：

1）基层回填土要密实，要分层回填且做到层层取样，满足要求后方可进行下道工序施工。

2）预埋管线不能太浅，避免因混凝土的收缩力造成裂纹，同时在管线集中处可加钢丝网片。

3）混凝土表面抹压遍数至少3遍。

4）加强对混凝土的养护。

5）在设备基础、结构柱基础四周合理设置伸缩缝，且从地面垫层开始留置。

（4）板块空鼓。施工要点及预防措施：

1）基层清理干净后再施工。

2）板块在铺贴前要浸水湿润。

3）避免上人过早，待强度上来后再上人。

4）板块背面黏结砂浆要抹到边。

（5）地面铺贴不平，出现高低差。施工要点及预防措施：

1）对地砖要进行预先选挑，选取标准薄厚一致的砖。

2）铺贴时要严格按水平标高线进行控制。

（6）地面砖排列不均匀、不对称，缝隙宽窄不一。施工要点及预防措施：

1）施工前根据现场实际尺寸进行设计放样，确保地砖各部位对称，与脚踢线砖、墙面砖、走廊或其他房间地面砖对缝合理。

2）选择标准的瓷砖，确保规格尺寸相同。

（7）穿楼面管处漏水或出现裂纹。施工要点及预防措施：

1）在结构层施工时预埋套管。

2）套管高出结构的高度要统一，且要保证高出细地面。

（8）整体标高不统一。施工要点及预防措施：在施工前要统一标高基准点，对各房间结构层标高进行实测，确定地面标高。

3. 质量工艺示范图片

地面与脚踢线选材一致浑然一体，房间地面砖分缝对称，走廊砖分缝对称、地面镶边与脚踢线一致，地面砖缝与墙砖缝对齐，行走通道色彩标识，穿楼面管道套管，耐磨混凝土地面平整光亮，机组分界线示范图片分别见图 4-28～图 4-35。

图 4-28　地面与脚踢线选材一致浑然一体　图 4-29　房间地面砖分缝对称

图 4-30 走廊砖分缝对称、地面镶边
　　　 与脚踢线一致

图 4-31 地面砖缝与墙砖缝对齐

图 4-32 穿楼面管道套管

图 4-33 行走通道色彩标识

图 4-34 耐磨混凝土地面平整光亮

图 4-35 机组分界线

三、室内天棚与墙面

1. 施工要求

（1）重型灯具、电扇及其他重型设备严禁安装在吊顶工程的龙骨上。

（2）饰面板安装工程的预埋件（或后置埋件），连接件的数量、规格、位置。连接方法和防腐处理必须符合设计要求。后置埋件的现场拉拔强度必须符合设计要求。

（3）饰面砖粘贴必须牢固。

2. 工艺质量通病防治措施

（1）内墙抹面。

1）黏结不牢、空鼓、裂缝。

a．主要原因：基层没处理好，清扫不干净，没按不同基层情况浇水；墙面不平，一次抹灰太厚；砂浆和易性差，硬化收缩大，黏结强度低；各抹灰层砂浆配合比相差太大；操作不当，没有分层抹灰。

b．预防措施：抹灰前对凹凸不平的墙面必须剔凿平整，凹处、墙面脚手架孔和其他洞，用 1:3 水泥砂浆填实找平；基层太光滑则应凿毛或用 1:1 水泥砂浆加 10%的 107 胶先薄薄刷一层。基层抹灰前要先浇透水，砖基层应浇水两遍以上，加气混凝土基层应提前浇透；砂浆和易性、保水性差时，可掺入适量的石灰膏或外加剂；对加气混凝土基层面抹灰的砂浆强度等级不宜过高；水泥砂浆、混合砂浆及石灰膏等不能前后覆盖交叉涂抹，应分层抹灰；不同基层材料交接处，宜铺钉钢丝网。

2）门窗框边缝不塞灰或塞灰不实，门窗框两侧产生空鼓、裂缝。预防措施：不同基层材料交汇处宜铺钉钢板网，每边搭接长度应大于 10cm。门窗框塞缝宜采用混合砂浆，塞缝前先浇水湿润，缝隙过大时，应分层多次填嵌，砂浆不宜太稀，门洞每侧墙体内预埋木砖不少于三块，木砖尺寸应与标准砖相同，并经防腐处理，预埋位置正确。

（2）涂料。

1）透底。预防措施：涂刷时除应注意不漏刷外，还应保持涂料或乳胶漆的稠度。

2）接槎明显。预防措施：涂刷时要上下刷顺，避免间隔时间过长，出现明显接头，因此大面积涂刷时，应配足人员，互相衔接。

3）刷纹明显。预防措施：涂料（乳胶漆）稠度要适中，排笔蘸涂料量要适当，多理多顺，防止刷纹过大。

（3）内墙面砖。室内面砖在施工前必须进行排砖设计：

1）墙、地面砖及天极板块的缝隙应贯通，不应错缝。

2）面砖预排时，应尽量避免出现非整块现象，如确实无法避免时，应将非整块的面砖排在较隐蔽的阴角部位。

3）在结构施工前能确定面砖规格，排砖设计出现非整块砖时，可建议适当变更墙体位置或门窗洞口位置及尺寸。

4）如果在一个墙、地面确实出现无法避免的小于 1/2 块的小条砖时，应将一块小条砖加一块整砖的尺寸平均后切成两块大于 1/2 的非整砖排列在两边的阴阳角部位，并且位置要对称。

5）面砖的镶贴的平整度必须进行严格的控制。

6）从材料关把起，镶贴前应对材料进行严格的大小筛选，分成大、中、小三种规格，防止镶贴错缝。

7）面砖的擦缝要使用专用嵌缝膏，缝隙密实、干净、顺直，凹进缝内 1mm，禁止勾平缝，不应出现瞎缝和空鼓。

8）卫生间地面地漏位置应放置在一整块地砖中央或拼缝十字线上，地砖拼缝应在整块地砖的对角线上。

（4）吊顶。

1）吊件、龙骨的安装间距、连接的方式、吊平顶的起拱高度应符合设计要求。如设计无要求时吊点的间距（主龙骨间距）应小于 1.2m；固定罩面板的次龙骨的间距不得大于 600mm，在潮湿地区次龙骨的间距宜为 300~400mm；吊平顶应按房间短跨的 1‰~3‰起拱。

2）后置埋件、金属吊件、龙骨应在安装前进行防腐处理。木吊件、木龙骨、造型木板和木饰面板在安装前应进行防腐、防火、防蛀处理。

3）吊顶施工前应认真校对吊顶布置图和电气照明、采暖通风、消防报警等设备安装的平面图。应通过设计、监理、业主人员协商力求做到外露的照明灯具、消防喷淋头、烟火报警器、通风口篦子等设备在房间吊顶上对称、布置有序，而且只在一块罩面板内布置的设备应居罩面板的中央（见图4-36）。

4）根据上述原则以及现场实际尺寸，画好施工吊顶实际布置图，定出龙骨布置的定位尺寸、罩面板的布置及异形罩面板的尺寸；外露的照明灯具、消防喷淋头、烟火报警器、通风口箅子等设备的布置位置及它们与龙骨间的距离（见图4-37）。

图4-36　吊顶通风口　　　　　　图4-37　吊顶照明

5）在吊顶施工前，须对罩面板的尺寸、外观进行预选。应剔除那些尺寸、色差、图案等误差大于要求及板块翘曲不平、表面被污染有泛锈、麻点、裂缝及边角缺损的板块。

6）罩面板的安装应注意使板的缝宽一致，板缝成一直线。

7）照明灯具、消防喷淋头、烟火报警器、通风口箅子等设备与罩面板的接缝应严密。

3. 质量工艺示范图片

构件结合处边角顺直、界限清晰，天棚电气、通风、消防设备对称居中，天棚饰面板与墙面砖对缝布置，电气箱和消防箱安装与墙面平整、位置居中，照明开关居中布置，穿墙管道挡圈示范图片分别见图4-38～图4-43。

图4-38 构件结合处边角顺直、界限清晰

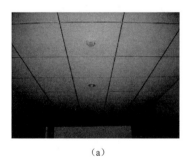 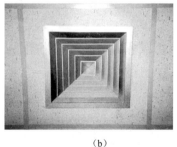

（a） （b）

图4-39 天棚电气、通风、消防设备布置对称居中

 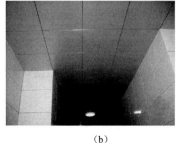

（a） （b）

图4-40 天棚饰面板与墙面砖对缝布置

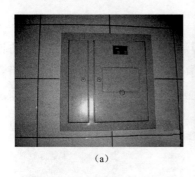 

(a)　　　　　　　　　　　　(b)

图 4-41　电气箱和消防箱安装与墙面平整、位置居中

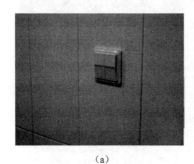 

(a)　　　　　　　　　　　　(b)

图 4-42　照明开关居中布置

图 4-43　穿墙管道挡圈（汽轮机、锅炉、
热工、消防参照执行此工艺）

四、楼梯、栏杆工程

1. 施工要求

栏杆凡阳台、外廊、室内回廊、内天井、上人屋面及室外楼梯等临空处应设置防护栏杆，并应符合下列规定：

（1）栏杆应以坚固、耐久的材料制作，并能承受荷载规范规定的水平荷载。

（2）栏杆高度不应小于

1.05m，高层建筑的栏杆高度应再适当提高，但不宜超过 1.20m。

（3）栏杆离地面或屋面 0.10m 高度内不应留空。

（4）楼梯栏杆垂直线饰间的净距不应大于 0.11m。当楼梯井净宽度大于 0.20m 时，必须采取安全措施。

（5）楼梯踏步的高度不应大于 0.15m，宽度不应小于 0.26m。

2. 施工工艺流程

开始
↓
下 料
↓
组装、焊接
↓
校 正
↓
安 装
↓
检 验
↓
结束

3. 质量工艺示范图片

楼梯面砖左右对称、楼梯踏步挡水沿、楼梯踏步侧面滴水浅、楼梯栏杆及地面挡水沿示范图片分别见图 4-44～图 4-47。

图 4-44 楼梯面砖左右对称　　　　图 4-45 楼梯踏步挡水沿

图 4-46　楼梯踏步侧面滴水线　　　图 4-47　楼梯栏杆及地面挡水沿

五、门窗工程

1. 施工要求

建筑外门窗的安装必须牢固，在砌体上安装门窗严禁用射钉固定。

2. 施工工艺流程

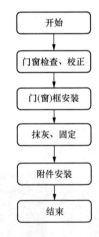

开始

门窗检查、校正

门(窗)框安装

抹灰、固定

附件安装

结束

3. 工艺质量通病防治措施

（1）门窗与预留洞口尺寸偏差大。预防措施：

1）结构施工中严格按照施工图纸要求的尺寸和标高进行门窗洞口的预留，并应同时考虑建筑装饰面（抹灰及贴面砖）对门窗洞口尺寸的影响。

2）门窗必须按设计及相关要求进行采购，进场时必须对其规格及尺寸进行核对。

（2）木门框安装不方正。预防措施：

1）安装前应检查框的每一个角的榫眼结合是否牢固。如果松动或脱开，应用钉子将其加固好以后再进行安装。

2）检查门框两根立挺上的锯口线的尺寸是否一致。如不一致，要重新找线。

3）框的立挺垂吊好后要卡方，两个对角线的长度相等时再钉固定。

4）框固定好后，再进行一次检查，看是否有出入，并注意将框的下角用垫木垫实。

（3）门扇开关不灵，自行开关。预防措施：

1）门窗扇安装前应检查框的立挺是否垂直，如有偏差，待修整后再安装。

2）保证合页的进出、深浅一致，使上下页轴保持在同一个垂直线上。

3）选用五金件要配套，螺钉安装要垂直。

（4）门扇安装的留缝宽度不合要求。预防措施：

1）门扇与框间立缝的留缝宽度为 1.5～2.5mm。

2）框与扇间上缝的留缝宽度为 1.0～1.5mm。

3）门扇与地面间缝：外门留缝宽度为 4～5mm，内门留缝宽度为 6～8mm，卫生间门留缝宽度为 10～12mm。

（5）塑钢门窗框变形。预防措施：

1）门窗框同墙体间应填嵌密封材料，形成伸缩缝，使塑料门窗在膨胀时，能自由胀缩。填嵌密封材料时，不能填塞过紧，使窗框受挤压变形。

2）连接螺钉不能直接锤击拧入，因塑料型材是中空多腔薄壁，材质较脆。应预先钻孔，钻孔直径比所选用的螺钉小 0.5～1.0mm，拧紧螺钉时，应控制松紧基本一致，防止门窗框受力不均而变形，或出现局部凹陷断裂等情况。

3）施工时严禁在安装后的门窗上铺设脚手板，随意踩踏，或将门窗框作为脚手架的临时拉结点。

（6）门窗位置进出不统一，门窗距台板尺寸不一致。预防措施：

1）安装门窗框上下、左右应有统一的基准线。

2）内外墙的粉刷层或面砖应垂直、平整。

（7）门窗框松动刚度差。预防措施：

1）门窗框与墙体的连接应视不同的墙体结构，采用不同的固定方法。混凝土及红砖墙体应采用膨胀螺栓固定；轻质及空心墙体宜在砌筑砖墙时，砌入预制的混凝土块，以确保连接牢固。

2）固定点的安装位置应距窗角、中竖框、中横框 150～200mm，固定点的间距应小于或等于 600mm。不得将地脚直接装在中横框、中竖框的档头上，以避免中框或部分外框的膨胀受到阻碍，使塑钢窗安装后不能自由胀缩。

（8）门窗表面污染及外表划痕等损伤。预防措施：

1）门窗框安装后在装饰工程完工前保护膜不得撕掉。

2）已安装门窗框扇的洞口，不得作为运料通道。

3）在刷浆或做电焊气割工作时，应做有效的遮挡措施，严防焊渣火花等飞溅到窗框扇上，损坏塑料型材。

4）门窗框扇上若粘砂浆或涂料等，应在其硬化前用湿布擦拭干净，不得在其硬化后用硬质材料刮铲窗框扇表面，也不得用砂纸打磨，以免塑料型材损伤。

（9）外墙门窗渗水。预防措施：

1）在窗楣上做滴水槽、滴水线；在窗台上做出向外的流水坡度，坡度不小于 10%。

2）门窗洞口应干净、干燥后施打发泡剂，发泡剂应连续施打、一次成型、充填饱满，溢出门窗框外的发泡剂应在结膜前塞入缝隙内，防止发泡剂外膜破损（见图 4-48）。

图 4-48 门窗洞口填饱

3）窗下挡及推拉窗的下滑槽必须开设排水孔。排水孔设在距离窗框拐角 20～140mm 处，孔为 4mm×35mm，间距宜为 600mm。开孔时应注意避开设有增强型钢位置。安装后应检查排水孔是否有堵塞的情况，保证槽口内的积水能顺畅排出。

（10）玻璃橡胶密封条脱落密封不良。预防措施：

1）橡胶密封条安装时应镶嵌到位，表面平直，与玻璃和玻璃槽口紧密接触，玻璃周边受力均匀。

2）橡胶密封条安装时不能拉得过紧，下料长度应比装配长度长 20～30mm，遇转角处应做斜面断开，并注胶黏结牢固。

3）用密封胶填缝固定玻璃时，应先用橡胶条或块将玻璃挤住，留出注胶空隙，注胶深度应大于或等于 5mm，在胶固化前，应保持玻璃不受振动。

4. 质量工艺示范图片

窗子安装、窗台处置、闭门器安装示范图片分别见图 4-49～图 4-51。

六、卫生间

1. 工艺质量通病防治措施

（1）给排水管道堵塞。预防措施：

1）管道安装时应该注意检查清理管道内杂物后方可对口。

2）对预留未安装设备的管口进行封堵保护。

3）管道安装完成后按规定进行水压试验及排水管道通水试验。

（2）卫生间地面及节点漏水。预防措施：

图 4-50　窗台处置

图 4-49　窗子安装　　　　　图 4-51　闭门器安装

1）地面按设计要求做好找坡，严禁地面积水。

2）各类管道穿楼板节点做好封堵及防水处理。

3）地面防水做好后及时按要求进行蓄水试验。

（3）给排水洁具、管道安装不对称。预防措施：

1）施工前对房间洁具布置与地面、墙面砖进行设计。

2）确保各类洁具、地漏等居中、对称布置，墙、地面及天棚块料镶贴对缝。

2. 质量工艺示范图片

卫生间，卫生间洁具安装与墙、地砖对称，地漏正确安装位置及工艺，墙、地砖对缝示范图片分别见图 4-52～图 4-55。

图 4-52　卫生间

（a） （b）

图 4-53 卫生间洁具安装与墙、地砖对称

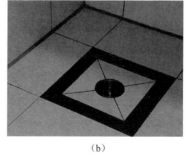

（a） （b）

图 4-54 地漏正确安装位置及工艺

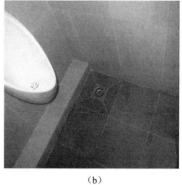

（a） （b）

图 4-55 墙、地砖对缝

第六节　基础、设备基础二次灌浆

一、工艺要求

（1）需灌浆的设备基础顶面要先经过凿毛处理，然后清扫设备基础表面，不得有碎石、浮浆、浮灰、油污和脱模剂等杂物。

（2）灌浆前24h，设备基础表面充分湿润。灌浆前1h，应吸干表面积水。

（3）将基础顶面的钢筋进行整理、调整并绑扎好。

（4）按灌浆施工图支设模板。模板与基础、模板与模板间的接缝处用水泥浆、胶带等嵌缝，达到全体模板不漏水的程度。

（5）模板与设备底座四周的水平距离应大于 200mm，顶部标高应高出设备底座上表面 50mm。设备安装后，模板安装困难时，可用采用在设备基础上预留埋件焊钢板，钢板与基础接触后采用密封材料填嵌密实。

基础二次灌浆模板支设、清水混凝土基础效果示范图片分别见图4-56、图4-57。

图 4-56　基础二次灌浆模板支设　　　图 4-57　清水混凝土基础效果

（6）如条件允许，大型设备基础，可采取分块灌浆的方法，较长设备或轨道基础的灌浆应采用分段施工。每段长度以 10m

为宜。

（7）进行二次灌浆时（见图 4-58），应符合下列要求：

1）二次灌浆时，应从一侧灌浆，至另一侧溢出为止。不得从四侧同时进行灌浆。

2）灌浆开始后，必须连续进行，不能间断。并尽可能缩短灌浆时间。

（8）如果设备底板较宽大，靠灌浆材料的自流性以及导流不能保证底板下面浇筑密实时，要采用高位漏斗法灌注或者采用压力法灌注。用高位漏斗法灌浆，可以从设备底座中央开始灌浆。

（9）在设备基础灌浆完毕后，如有要剔除部分，可在灌浆层终凝前剔除。

（10）不得将正在运转的机器的振动传给设备基础，在二次灌浆时应停机 24～96h，以免损坏未结硬的灌浆层。

（11）灌浆完毕后，应按要求进行保湿养护（见图 4-59）。

图 4-58　二次灌浆进行中　　　　图 4-59　二次灌浆成品

二、施工工艺流程

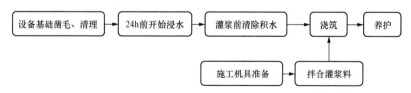

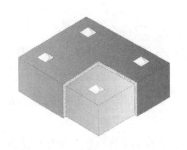

图 4-60 设备基础二次灌浆示意图

三、工艺质量通病防治措施

为保证设备基础与二次灌浆颜色一致，消除接合处色差、错台、穿裙子的质量通病，对于所有凸出地面小于 500mm 的设备基础，二次灌浆采取将基础周围加大 50mm，与基础顶面二次灌浆一次浇筑完成的措施（见图 4-60）。

第七节 厂区测量控制点及沉降观测点

厂区控制点及沉降观测点工艺策划：

（1）根据设计的沉降观测点按单位工程进行统一编号，并在观测点上方镶嵌铜制标牌，标明工程名称、观测点编号（见图 4-61）。

（2）观测点保护：在原设计的沉降观测点上方加装钢板保护盖，并涂刷黄、黑相间的油漆作警示（见图 4-62）。

图 4-61 沉降观测点统一做法

图 4-62 厂区控制点全场统一做法

第八节 沟道及盖板

一、工艺要求

（1）混凝土沟道施工工艺及容易出现的质量问题及预防按第一节"清水混凝土结构"相关要求施工。

（2）沟道混凝土应采取措施严格控制平直度、表面平整度及沟道侧壁埋件的平整度。沟底排水方向及坡度按设计要求进行施工。

二、工艺质量通病防治措施

（1）盖板出现掉棱、缺角和裂缝等现象。预防措施：

1）混凝土盖板应在其同条件养护试块的强度达到设计强度的75%后才能起模，用于拆除模板的工具不应直接接触混凝土的表面。

2）混凝土盖板在搬运过程中应防止碰坏损伤，尤其是用起重机起吊时，应对无吊钩的混凝土盖板在钢丝绳捆绑处采取保护措施。

3）混凝土盖板临时堆放时，应注意对堆放地的平整夯实；盖板与场地间以及盖板与盖板间应垫好用硬木制成的垫头，垫头的位置应上下对齐。

（2）盖板铺设不平。预防措施：

1）沟道的上口及企口应确保平直、光洁。

2）盖板制作场地及底模应平整光洁，制作时做好抹面压光，以确保盖板表面的平整度。

3）在沟道上口与盖板间衬垫薄橡皮等材料可消除不平整及盖板翘动。

三、质量工艺示范图片

活动盖板、沟道盖板、沟道示范图片分别见图4-63～图4-65。

图 4-63　活动盖板

图 4-64　沟道盖板

图 4-65　沟道

第九节　厂 区 道 路

一、工艺要求

1. 路基部分

（1）材料质量应符合设计要求和现行有关标准的规定。

（2）压实度必须符合设计要求和现行有关标准的规定，应使新旧路基结合良好，压实度应符合要求。

（3）路床、路肩质量填土经碾压后不得有翻浆、弹簧、起皮、波浪、积水现象；路肩肩线必须直顺，表面必须平整，不得有阻水现象。

（4）边坡、边沟边坡必须平整、坚实、稳定，严禁贴坡；边沟上口线应整齐、直顺，沟底应平整，排水应通畅。

2. 水泥混凝土路面

（1）原材料材质必须符合设计要求和现行有关标准规定。

（2）混凝土强度必须符合设计要求和现行有关标准的规定。

（3）路面外观质量不应有露石、蜂窝、麻面、裂缝、脱皮、啃边、掉角、印痕和车轮现象；接缝填缝应平实、黏结牢固，缘缝清洁整齐。

（4）伸缩缝及施工缝留置质量符合设计要求和现行有关标准的规定，位置准确，缝壁垂直，缝宽一致，填缝密实；传力杆必须与缝面垂直。

（5）路面厚度偏差 5～20mm。

二、工艺质量通病防治措施

1. 路基"弹簧"的防治

（1）严格控制路基填料含水率。

（2）清除路基底层下软弱层，按要求换填合格的填料进行碾压密实。

（3）做好基层引流及排水，防止路基范围内积水。

2. 水泥混凝土路面断板的防治

（1）提高基层施工质量，基层必须具有足够的强度和刚度，较好的水稳定性和平整度，为水泥混凝土面板提供良好的支撑。

（2）严格控制水泥混凝土的配合比，避免水灰比过大或混合料离析，确保其具有足够的强度。

（3）严格掌握切缝时间，避免由于混凝土的收缩产生断板。

（4）严格控制超限荷载，对混凝土路面的各类缝隙进行灌缝，避免地面水进入内部结构。

（5）施工缝控制，见图 4-66～图 4-68。

3. 路面平整度、坡度

（1）混凝土路面板平整度允许偏差为 5mm/3m，相邻板高差为 3mm，纵横缝直顺度允许偏差为 10mm/20m，井框与路面高差为 3mm。

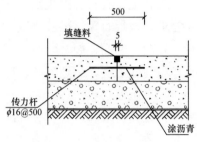

图 4-66 施工缝大样图

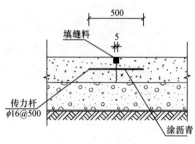

图 4-67 缩缝大样图

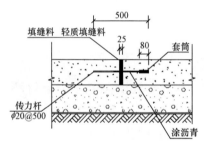

图 4-68 胀缝大样图

（2）混凝土路面施工前，施工测量人员按设计要求对路面横向及纵向坡进行测设，按一定间距在路面中线及边缘布置高程控制点。模板支设严格控制直线平直度、曲线圆弧度、横向及纵向坡度。

（3）混凝土道路施工要求采用混凝土摊铺机械、电动混凝土找平抹光机械进行施工。

4. 雨水井盖与路面平整

雨水井盖与路面平整，见图 4-69。

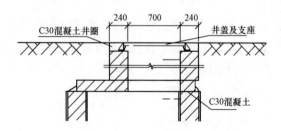

图 4-69 雨水井盖

三、质量工艺示范图片

弯道、雨水箅子、道路排水、厂区道路示范图片分别见图4-70～图4-73。

图4-70 弯道

图4-71 雨水箅子

图4-72 道路排水

图4-73 厂区道路

第十节 变压器防火墙

一、工艺要求

（1）工艺要求与容易出现的质量问题及预防同第一节"清水混凝土"。

（2）混凝土墙表面根据模板尺寸合理设计留置分隔缝。

（3）对拉螺栓布置在分格缝内，螺栓用PVC套管，施工完抽出。

（4）在凹槽内刷黑色油漆。

（5）防火墙模板边角加塑料角线。

二、质量工艺示范图片

变压器防火墙（一）、（二）示范图片分别见图4-74、图4-75。

图 4-74　变压器防火墙（一）　　　　图 4-75　变压器防火墙（二）

第十一节　成品保护

一、工艺要求

主厂房框架柱成品保护统一做法见图 4-76，基础短柱成品保护示范图片见图 4-77。

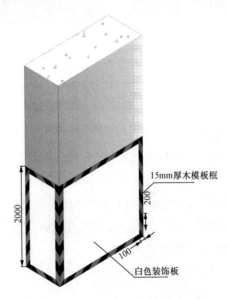

图 4-76　主厂房框架柱成品保护统一做法

图 4-77 基础短柱成品保护

二、质量工艺示范图片

柱角成品保护、管道保温成品保护示范图片分别见图 4-78、图 4-79。

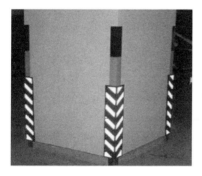 

图 4-78 柱角成品保护　　　　图 4-79 管道保温成品保护

第五章

电 气 部 分

第一节　主变压器、启动备用变压器、厂用高压变压器安装控制措施

一、相关强制性条文

1. 《电气装置安装工程　电力变压器、油浸电抗器、互感器施工及验收规范》（GB 50148—2010）

4.1.3　变压器、电抗器在装卸和运输过程中，不应有严重的冲击和振动。电压在 220kV 及以上且容量在 150MVA 及以上的变压器和电压为 330kV 及以上的电抗器均应装设三维冲击记录仪。冲击允许值应符合制造厂及合同的规定。

4.1.7　充干燥气体运输的变压器、电抗器油箱内的气体压力应保持在 0.01MPa～0.03MPa；干燥气体露点必须低于－40℃；每台变压器、电抗器必须配有可以随时补气的纯净、干燥气体瓶，始终保持变压器、电抗器内为正压力，并设有压力表进行监视。

4.4.3　充氮的变压器、电抗器需吊罩检查时，必须让器身在空气中暴露 15min 以上，待氮气充分扩散后进行。

4.5.3　有下列情况之一时，应对变压器、电抗器进行器身检查：

变压器、电抗器运输和装卸过程中冲撞加速度出现大于 3g 或冲撞加速度监视装置出现异常情况时，应由建设、监理、施工、运输和制造厂等单位代表共同分析原因并出具正式报告。必须进行运输和装卸过程分析，明确相关责任，并确定进行现场器身检查或返厂进行检查和处理。

4.5.5 进行器身检查时必须符合以下规定：

1 凡雨、雪天，风力达到4级以上，相对湿度75%以上的天气，不得进行器身检查。

2 在没有排氮前，任何人不得进入油箱。当油箱内的含氧量未达到18%以上时，人员不得进入。

3 在内检过程中，必须箱体内持续补充露点低于－40℃的干燥空气，以保持含氧量不低于18%，相对湿度不应大于20%；补充干燥空气的速率，应符合产品技术文件的要求。

4.9.1 绝缘油必须按现行国家标准《电气装置安装工程 电气设备交接试验标准》（GB 50150）的规定试验合格后，方可注入变压器、电抗器中。

4.9.2 不同牌号的绝缘油或同牌号的新油与运行过的油混合使用前，必须做混油试验。

4.9.6 在抽真空时，必须将不能承受真空下机械强度的附件与油箱隔离；对允许抽同样真空度的部件，应同时抽真空；真空泵或真空机组应有防止突然停止或因误操作而引起真空泵油倒灌的措施。

4.12.1 变压器、电抗器在试运行前，应进行全面检查，确认其符合运行条件时，方可投入试运行。检查项目应包含以下内容和要求：

3 事故排油设施应完好，消防设施齐全。

5 变压器本体应两点接地。中性点接地引出后，应有两根接地引线与主接地网的不同干线连接，其规格应满足设计要求。

6 铁芯和夹件的接地引出套管、套管的末屏接地应符合产品技术文件要求，电流互感器备用二次线圈端子应短路接地，套管顶部结构的接触及密封应符合产品技术文件要求。

　　4.12.2　变压器、电抗器试运行时应按下列规定项目进行检查:

　　1　中性点接地系统的变压器,在进行冲击合闸时,其中性点必须接地。

　　2.《电气装置安装工程　电气设备交接试验标准》(GB 50150—2006)

　　7.0.1　电力变压器的试验项目应包括下列内容:

　　2　测量绕组连同套管的直流电阻。

　　3　检查所有分接头的变压比。

　　4　检查变压器的三相接线组别和单相变压器引出线的极性。

　　8　测量绕组连同套管的绝缘电阻、吸收比和极化指数。

　　21.0.1　金属氧化物避雷器的试验项目,应包括下列内容:

　　1　测量金属氧化物避雷器及基座绝缘电阻。

二、施工工艺流程

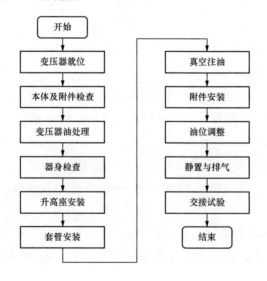

三、工艺质量控制措施

（1）设备现场开箱检查与验收，设备的规格应符合设计要求，附件、备件、产品的技术文件应齐全。本体就位后，检查并记录设备在运输和装卸中的受冲击情况，检查保管措施的落实及记录。

（2）变压器安装前应做下列检查：

1）油箱应无锈蚀及机械损伤，密封应良好。

2）充油套管的油位应正常，无渗油、瓷体损伤。

3）检查压力表，充气运输的变压器油箱内应为正压，其压力为 0.01～0.03MPa。

4）变压器器身检查视运输和装卸中的受冲击情况并结合厂家规定进行。

5）变压器各附件的清点与检查。

6）变压器绝缘油的电气强度应不小于 60kV/2.5mm、$\tan\delta < 0.2\%$、含水量不大于 1×10^{-5}。

（3）变压器本体及附件安装：

1）变压器基础施工完毕，符合设计要求，并办理完交付安装手续。

2）变压器的安装应根据厂家提供的技术文件和说明书的规定，在厂家技术人员指导下进行。

3）变压器本体中心线偏差符合规程要求，固定牢固可靠。

4）变压器本体接地、铁芯接地套管接地线连接应牢固、导通可靠。

5）高压套管安装应在套管及电流互感器试验合格后进行，接线座与套管口密封应良好。

6）中、低压侧套管安装时引出线相间及对地距离符合规程要求。

7）储油柜安装时胶囊或隔膜应完整无损伤，气密试验合格。

8）吸湿器安装时检查呼吸道应无阻塞，硅胶颜色应为蓝色。

9）气体继电器安装时整定试验应符合要求，继电器箭头标志应指向储油柜侧。

10）冷却器安装时气密试验应合格，潜油泵电动机绝缘电阻不小于 0.5MΩ，流速继电器微动开关动作正确可靠。

11）变压器注油前必须进行真空处理，真空度应小于 65Pa，真空保持时间符合规程要求。

12）变压器安装完毕后应进行整体气密试验，所有焊缝及结合面不应渗油。

（4）绝缘油应经第三方检测合格后才可注入变压器。

（5）变压器的各项电气试验应满足 GB 50150—2006 的规定。

（6）变压器安装后应与厂家检查和确认安装工作，并签署安装工作证明书。

四、工艺质量通病防治措施

工艺质量通病防治措施，见表 5-1。

表 5-1　　　　　　　　　工艺质量通病防治措施

类别	质量通病现象	原因分析	防治措施	治理措施
变压器安装	油箱、法兰连接处渗漏油	各部件密封处理不当，密封垫破损，接触面不平整以及未按规范要求进行整体密封试验	（1）仔细处理每个密封面，所有大小法兰密封面或密封槽在安装密封垫前均应清理干净，密封面光滑平整，显出本色；采用与密封尺寸配合良好的耐油密封垫圈，并将变形、失效垫圈全部更换；对于无密封槽的法兰，将密封垫用密封胶粘在有效密封面上；紧固法兰时，采取对角线方向，交替、逐步拧紧各个螺栓，最后统一紧一次，以保证压紧程度一致。（2）变压器注油完毕，按制造厂家要求做整体密封试验，对渗漏处进行处理	更换密封圈或重新均匀紧固螺栓
	变压器中性点设有两根接地线，与接地网不同点连接	施工过程中图省事，对规范不熟悉	（1）在交底时要注明写清楚必须要求有两点接地且在不同地点与接地网连接。（2）加强对施工过程中的检验	重新按规范施工

五、质量工艺示范图片

变压器温度计毛细管固定示例、变压器接地线、变压器中性点两点接地、变压器全景示范图片分别见图 5-1～图 5-4。

图 5-1　变压器温度计毛细管固定示例　　图 5-2　变压器接地线

 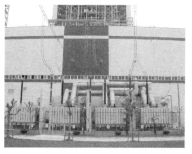

图 5-3　变压器中性点两点接地　　图 5-4　变压器全景

第二节　发电机离相、厂用电离相封闭
母线安装控制措施

一、相关强制性条文

《电气装置安装工程　接地装置施工及验收规范》（GB 50169－2006）

3.1.1 电气装置的下列金属部分，均应接地或接零：

11 发电机中性点柜外壳、发电机出线柜、封闭母线的外壳及其他裸露的金属部分。

二、施工工艺流程

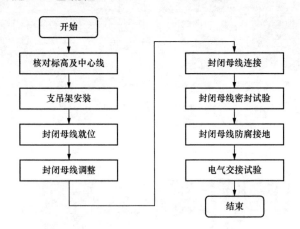

三、工艺质量控制措施

（1）发电机离相封闭母线本体安装控制要点：

1）母线支持绝缘子排列方向要求：每组三只绝缘子要成"人"形排列，每组四支绝缘子的成"×"形排列。

2）组合过程中对每只绝缘子进行检查，并擦拭干净，有损伤或裂纹应及时更换。

3）组合过程中对每只绝缘子的固定进行检查，应固定牢固，与外壳之间的橡胶密封垫没变质、没有裂纹，有弹性，并涂抹密封胶。

4）封闭母线及外壳的焊接人员（铝材氩弧焊）必须经过焊接监理师的考试合格后，方可施焊，焊接过程对焊接质量进行抽查。

5）封闭母线在组合时，应按厂家提供的图纸分段对接，不允许互换。

6）组合过程中，不允许随意堆放、踩踏，造成外壳损伤变形。

7）外壳的相间短路极安装位置必须正确，否则将改变封闭母线原来磁路而引起外壳发热，短路板的焊接应上、下两面焊。

8）在施焊前，封闭母线各段应全部就位，两端的设备到齐就位，电流互感器、盘式绝缘子都经试验合格，并调整好各段间的误差。防止因赶工期，一端设备未到就施焊，造成与设备无法连接，或电流互感器有问题又将母线割开。

9）封闭母线支吊架的吊点位置应按设计图施工，固定在主厂房钢梁上，合理、可靠、牢固，支架稳固，接地点在明显位置。

10）封闭母线的二次喷漆两台机组要统一颜色。

（2）发电机离相封闭母线辅助设备安装控制要点：

1）微正压装置外壳应有明显接地点。

2）微正压装置工作时排出的凝结水应有排水管路，禁止往地面上排。

3）满足母线壳内空气压力在 300～2500Pa（相对压力），由大气压升至额定微正压的充气时间为 25min，保持时间应大于 30min。

（3）厂用电小离箱母线安装。设备到货验收并应符合下列要求：

1）整套母线装置（母线导体、接头、绝缘子、外壳及支持结构）应有足够的机械强度，以保证在正常情况下连续运行。

2）户外小离箱母线应能承受大风、雨水拍打，不影响母线运行。

3）母线装置外壳、盖板等无弯曲、变形，绝缘子无损伤。

4）母线导体连接处镀银层及挠性连接镀银层无损伤。

5）母线外壳与接地网连接的接地端子应采取防止电腐蚀的措施。

（4）小离箱母线安装控制要点：

1）支架设置多点接地，接地点处于明显位。

2）整排离箱母线的水平度误差小于 5mm。

3）每节法兰连接紧固严密、未渗水，每节之间连接板齐全，牢固。

4）若小离箱母线外壳采用焊接对接，焊接人员（铝材氩弧焊）必须经过焊接监理师的考试合格后，方可施焊，焊接过程对焊接质量进行抽查。

5）每节之间的挠性连接弯弧朝同一方向，弯弧与外壳之间安全距离应足够，当安全距离不能满足时，应采取包扎绝缘或安装绝缘挡板的措施。

6）若有伴热导线，应提前做好二次设计，伴热导线及引线固定应安装美观，箱内伴热线应紧贴底板，无起拱。

7）离箱母线的二次喷漆两台机组要统一颜色。

（5）封闭母线安装：

1）支架基础误差要求不大于 3mm/m，整体不大于 ±15mm。

2）支架的标高偏差应保持在 ±5mm 之内，水平中心偏差应保持在 2mm 之内。沿走向垂直偏差不小于 10mm。

3）支架接地的施工工艺要求参见电气接地施工工艺示范卡。

4）封闭母线吊装就位。

5）封闭母线吊装就位前应该将每段封闭母线吹扫干净。

6）封闭母线吊装应该按分段图、相序、编号、方向和标志正确放置，吊装时必须采用麻绳或尼龙绳，不得采用裸露钢丝绳起吊和绑扎。

7）封闭母线吊装时应合理使用起吊用具，而且应至少有两点起吊，以防止外壳变形损坏绝缘子。

a. 母线吊装，见图 5-5。

b. 封闭母线调整。每相外壳的纵向间隙应分配均匀，如图 5-6 所示。

图 5-5 封闭母线吊装 图 5-6 封闭母线纵向间隙调整

c. 封闭母线同心度控制。母线与外壳间应同心，不同心度不应大于 5mm，两相邻母线及外壳应对准，连接后不应使母线及外壳受到机械力，见图 5-7。

d. 封闭母线纵向间隙调整。相邻母线的对口中心偏差不得超过 5mm，相间中心偏差在 ±5mm 之内，母线标高偏差应小于 3mm。

e. 封闭母线焊接。

图 5-7 封闭母线同心度控制

（a）封闭母线焊接应采用氩弧焊，焊接前应将母线坡口两侧表面各 50mm 范围内清刷干净。

（b）焊接前母线对口应平直，中心偏移不应大于 0.5mm。

（c）焊接前应对母线端口密封，以防焊渣、火星入母线内。

（d）母线对接焊缝应呈圆弧形，不应有毛刺、凹凸不平之处，咬边深度不得超过母线厚度的 10%，见图 5-8。

（e）导体与外壳焊接后应分

图 5-8 封闭母线焊接

别涂上无光泽黑漆和浅色漆。

f. 封闭母线螺接。

（a）母线软连接端子表面应平整、无毛边、无杂物和无氧化膜。

（b）螺栓紧固应采用力矩扳手，连接螺栓与孔径配合间隙应小于1mm。

（c）软连接的铜辫子不应相互挤压，应平整啮合。

g. 防腐油漆。焊接后进行整体油漆和相色标记。封闭母线的中端和中间适当位置应刷相色漆。刷漆应均匀，无起色、皱皮等缺陷。

h. 密封检查、试验。在封闭母线安装全部结束后，应进行密封性试验，泄漏率应满足厂家技术要求。

四、工艺质量通病防治措施

工艺质量通病防治措施，见表5-2。

表 5-2　　　　　　　　　工艺质量通病防治措施

类别	质量通病现象	原因分析	防治措施	治理措施
封闭母线安装	封闭母线密封性不好，不能保持微正压运行	（1）焊接处有气缝或者密封不严。 （2）微正压装置异常	（1）焊工（或焊接操作工）必须持证上岗，且证件在有效期内。 （2）调试过程中要仔细认真。 （3）加强对施工过程的监督	（1）进行密封实验查出漏气处重新进行焊接。 （2）检查微正压装置发现问题及时处理，处理不了应及时通知厂家

五、质量工艺示范图片

发电机离箱母线防腐及相色标示（一）、发电机离箱母线防腐及相色标示（一）、离箱母线工艺示范图片分别见图 5-9～图 5-11。

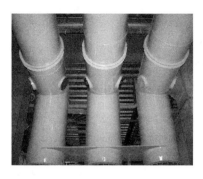

图 5-9　发电机离箱母线防腐
及相色标示（一）

图 5-10　发电机离箱母线防腐
及相色标示（二）

图 5-11　离箱母线工艺

第三节　1000kV GIS 配电装置安装控制措施

一、相关强制性条文

1.《电气装置安装工程　高压电器施工及验收规范》（GB 50147—2010）

5.2.7 GIS 元件的安装应在制造厂技术人员的指导下按产品技术文件要求进行，并符合下列要求：

6 预充氮气的箱体应先经排氮，然后充干燥空气，箱体内空气中的氧气含量必须达到 18% 以上时，安装人员才允许进入内部进行检查或安装。

5.6.1 （气体绝缘金属封闭开关）在验收时，应进行下列检查：

4 GIS 中的断路器、隔离开关、接地开关及其操动机构的联动应正常、无卡阻现象；分、合闸指示应正确；辅助开关及电气闭锁应动作正确、可靠。

5 密度继电器的报警、闭锁值应符合规定，电气回路传动应正确。

6 六氟化硫气体漏气率和含水量，应符合《电气装置安装工程 电气设备交接试验标准》（GB 50150—2006）及产品技术文件的规定。

2.《电气装置安装工程 接地装置施工及验收规范》（GB 50169—2006）

3.1.1 电气装置的下列金属部分，均应接地或接零：

2 电气设备的传动装置。

3 屋内外配电装置的金属或钢筋混凝土构架以及靠近带电部分的金属遮栏和金属门。

4 配电、控制、保护用的屏（柜、箱）及操作台等的金属框架和底座。

5 交、直流电力电缆的接头盒、终端头和膨胀器的金属外壳和可触及的电缆金属护层和穿线的钢管。穿线钢管之间或钢管和电器设备之间有金属软管过渡的，应保证接地软管段接地畅通。

10 承载电气设备的构架和金属外壳。

12 气体绝缘全封闭组合电器（GIS）的外壳接地端子和

箱式变电站的金属箱体。

15 互感器的二次绕组。

3.1.4 接地线不应做其他用途。

不得采用铝导体作为接地体或接地线。当采用扁铜带、钢绞线、铜棒、铜包钢、铜包钢绞线、钢镀铜、铝包铜等材料作接地装置时，其连接应符合本规范的规定。

3.3.12 发电厂、变电站电气装置下列部位应专门敷设接地线直接与接地体或接地母线连接：

6 GIS 接地端子；

7 避雷器、避雷针、避雷线等接地端子。

3.3.14 全封闭组合电器的外壳应按制造厂规定接地；法兰片间应采用跨接线连接，并应保证良好的电气通路。

3.3.15 高压配电间隔和静止补偿装置的栅栏门铰链处应用软铜线连接，以保持良好接地。

3.4.1 接地体（线）的连接应采用焊接，焊接必须牢固无虚焊。接至电气设备上的接地线，应用镀锌螺栓连接；有色金属接地线不能采用焊接时。可用螺栓连接、压接、热剂焊（放热焊接）方式连接。用螺栓连接时应设防松螺帽或防松垫片。螺栓连接处的接触面应按现行国家标准《电气装置安装工程 母线装置施工及验收规范》（GBJ 149）的规定处理。不同材料接地体间的连接应进行处理。

3.4.8 发电厂、变电站 GIS 的接地线及其连接应符合以下要求：

1 GIS 基座上的每一根接地母线，应采用分设其两端的接地线与发电厂或变电站的接地装置连接。接地线应与 GIS 区域环形接地母线连接。接地母线较长时，其中部应另加接地线，并连接至接地网。

2 接地线与 GIS 接地母线应采用螺栓连接方式。

3 当 GIS 露天布置或装设在室内与土壤直接接触的地面上时。其接地开关、氧化锌避雷器的专用接地端子与 GIS 接地母线的连接处，宜装设集中接地装置。

4 GIS 室内应敷设环形接地母线。室内各种设备需接地的部位应以最短路径与环形接地母线连接。GIS 置于室内楼板上时。其基座下的钢筋混凝土地板中的钢筋应焊接成网，并和环形接地母线连接。

3.5.2 建筑物上的避雷针或防雷金属网应和建筑物顶部的其他金属物体连接成一个整体。

3.5.5 避雷针（网、带）及其接地装置，应采取自下而上的施工程序。首先安装集中接地装置，后安装引下线，最后安装接闪器。

3.7.10 接地线与杆塔的连接应接触良好。

3.8.8 连接两个变电站之间的导引电缆的屏蔽层必须在离变电站接地网边沿 50m～100m 处可靠接地，以大地为通路，实施屏蔽层的两点接地。一般可在进变电站前的最后一个工井处实施导引电缆的屏蔽层接地。接地极的接地电阻 $R \leqslant 4\Omega$。

3.9.1 110kV 及以上中性点有效接地系统单芯电缆的电缆终端金属护层，应通过接地开关直接与变电站接地装置连接。

3.9.4 110kV 以下三芯电缆的电缆终端金属护层应直接与变电站接地装置连接。

3.11.3 接地装置的安装应符合以下要求：

1 接地极的形式、埋入深度及接地电阻值应符合设计要求；

2 穿过墙、地面、楼板等处应有足够坚固的机械保护措施；

3 接地装置的材质及结构应考虑腐蚀而引起的损伤，必要时采取措施，防止产生电腐蚀。

3. 《电气装置安装工程 电气设备交接试验标准》(GB 50150—2006)

8.0.1 电抗器及消弧线圈的试验项目,应包括下列内容:

2 测量绕组连同套管的绝缘电阻、吸收比或极化指数。

9.0.1 互感器的试验项目,应包括下列内容:

1 测量绕组的绝缘电阻。

7 检查接线组别和极性。

8 误差测量。

12.0.1 真空断路器的试验项目,应包括下列内容:

2 测量每相导电回路的电阻。

3 交流耐压试验。

13.0.1 六氟化硫(SF$_6$)断路器试验项目,应包括下列内容:

2 测量每相导电回路的电阻。

12 测量断路器内 SF$_6$ 气体的含水量。

13 密封性试验。

14.0.1 六氟化硫封闭式组合电器的试验项目,应包括下列内容:

1 测量主回路的导电电阻。

2 主回路的交流耐压试验。

3 密封性试验。

4 测量六氟化硫气体含水量。

21.0.1 金属氧化物避雷器的试验项目,应包括下列内容:

1 测量金属氧化物避雷器及基座绝缘电阻。

25.0.1 1kV 以上架空电力线路的试验项目,应包括下列内容:

1 测量绝缘子和线路的绝缘电阻。

3 检查相位。

二、施工工艺流程

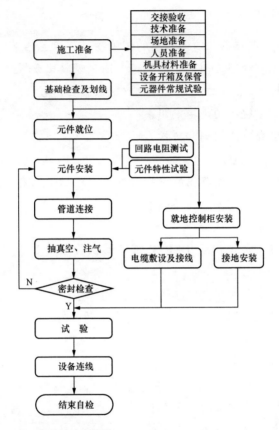

三、工艺质量控制措施

1. 1000kV GIS 配电装置安装控制要点

（1）施工条件的检查：

1）站内施工场地平整、施工道路畅通，施工场地已无土建等其他专业的施工，便于设备运输车辆的进出。

2）混凝土基础强度符合安装要求，基础及槽钢尺寸已按设计图进行验收，误差在规定的范围内，土建设备基础合格交付，基础表面清洁干净。

3）GIS 组合施工区域应搭设防尘、防雨房，防尘房的搭设应符合厂家技术要求，并配备设备干燥应急措施。设备临时存放场地应平整、无积水、无腐蚀性气体，在室外加篷布遮盖。

4）主要设备和材料均到现场，并对照施工图及厂家技术要求核对无误。

5）现场工具房就位、工器具齐全、主要施工机械到场、消防灭火设施配备完善。

（2）施工作业流程检查：

1）设计图纸、厂家资料技术资料齐全，满足现场施工要求。

2）按规定进行设计交底和图纸会检。

3）结合现场情况，编写施工方案，并报监理审查，经有关部门批准已可以使用。

4）特殊工种作业人员经有关部门培训考核，取得上岗作业资格。

5）作业人员配备到位，组织相关人员进行安全、技术交底。

（3）设备现场保管及开箱检查：

1）设备运至现场后，应按原包装置于平整、无积水、无腐蚀性气体的场地并垫上枕木，有防雨要求的设备在室外加篷布遮盖。

2）附件、备件、专用工器具及设备专用材料放置于干燥的室内。

3）套管保管应符合产品技术文件要求。

4）充有气体的运输单元，应按产品技术规定检查压力值，并做好记录，有异常情况时应及时采取措施。

5）厂家应提供每瓶 SF_6 气体的测试报告。对新到 SF_6 气体应从每批新气气瓶中按要求进行抽检，含水量的测量应每瓶进行。六氟化硫新气充入设备前应按《工业六氟化硫》（GB/T 12022—2014）和电气设备相关交接试验标准验收；进口新气验收按照产品技术文件要求执行。

6）设备开箱检查，应由建设单位、承包商、监理、施工单位等人员在现场共同进行，应选择天气晴好时进行。

7）开箱检查应以装箱清单、技术协议为依据，并进行下列检查：

a. 冲击记录仪动作情况，并做好三方签证记录。

b. 设备整体外观，油漆应完好无锈蚀、损伤；套管应无损伤。

c. 设备型号、数量及各项参数符合设计要求，所有元件、附件、备件及专用工器具齐全。

d. 设备总装图、间隔总装图、导体装配图、控制柜接线图、设备安装使用说明、出厂试验报告等出厂证件及技术资料齐全。

e. 充有气体的运输单元或部件，其压力值应符合产品的技术要求。

f. 其他各种表计外观完好。

g. 各类箱、柜无变形，箱、柜门的开合应灵活。

h. 控制柜内部各元件应无损坏，二次接线应完好。

i. 隔离开关、接地开关连杆的螺钉应紧固，波纹管螺钉位置应符合制造厂的技术文件要求。

j. 详细填写开箱记录，设备缺陷、缺件记录在案，三方代表共同签字确认。

（4）GIS 组合。

1）基础检查及划线。

a. 设备安装前，应由监理工程师组织有关单位按照国家现行标准及施工图进行交接验收。

b. 划线前将基础表面清理干净。

c. 确定 GIS 就位安装中心基准线，按设计图纸依次确定各安装单元的中心线。

d. 划出各安装单元的 X、Y 轴线，测量并记录各安装点的标高，各安装单元之间误差及本组各相的 X、Y 轴线误差应满足产品技术文件要求。

e. 每个单元划线完成后，复核各安装单元位置的正确性。

2）元件安装。

a. 以断路器作为基准单元，依次组装其他单元的元件设备。

b. 根据安装先后次序，依次进行设备搬运。设备现场搬运时，应进行绑扎以免倾翻。运输车辆应缓慢行驶，避免剧烈振动。

c. GIS 元件对接时应在防尘房内进行，防止与外部产生空气流动。防尘房内部应配备测尘装置，地面铺设防尘垫，确保在无尘状态下进行安装作业。防尘房内应配备除湿装置、干湿温度计、空气调节器。防尘房内宜设更衣隔间，用于工作人员进出更换衣服。

d. 元件间导体及法兰间的连接应在防尘房内进行，应做到：

（a）连接前，分别对元件内壁和导电体进行清理，不得有任何残留物。检查绝缘件清洁无损伤及导电体无氧化。元件内壁及导电体表面应无金属粉末、油污、划痕、杂物及凹凸不平。均压罩的安装尺寸与导体之间的间隙应均匀，无凹凸不平或划痕。

（b）连接时，用经清洁的专用支架支撑导电体，使导电体位于元件的中心，然后吊起下一节元件，对准上一节元件的法兰盘进行合拢，合拢时确保导电体仍位于元件的中心。

（c）法兰连接应更换密封件，新密封件表面应无刮伤、裂痕、毛刺及其他杂物。法兰面密封圈安装应符合产品技术文件要求。

（d）进行法兰连接时，应使用导向器定位。螺栓应先对角预紧，终紧时用力矩扳手按规定力矩紧固，力矩值应符合产品技术文件要求。

（e）伸缩节（波纹管）的安装应符合产品技术文件要求。

e. 套管吊装应符合下列要求：

（a）套管的吊点选择、吊装方法应按产品技术文件要求执行，并采用厂家提供的专用吊具进行吊装。

（b）套管吊装前应对套管及均压筒进行检查及清理。

（c）套管的吊装应先水平抬吊到一定高度之后再缓慢转为垂直起吊，速度应缓慢，严防冲击。

（d）套管进入套管座后在其下降过程中不能有冲击、碰撞等现象的发生，以免套管、均压筒及套管座受损；检查套管导体可靠插入连接触头。

（e）套管法兰连接应符合要求，力矩值应符合产品技术文件要求。

（f）均压环安装应符合产品技术文件要求。

f. 元件间等电位连接线安装必须保证其连续性、完整性，凡是法兰盘的连接处有跨接要求的，应通过专用等电位连接端子跨接短接线。

3）气体管道连接。

a. 气体管道安装前内部应清洁。

b. 气体管道现场连接时，应先清理密封接头及设备上的连接面，放好密封圈、涂好密封脂，在确保密封脂不漏 SF_6 气体，接触后再紧固。

c. 气体管道的现场加工工艺、弯曲半径及支架布置符合产品技术文件要求。

4）抽真空及充注 SF_6 气体。

a. 更换吸附剂。安装在气室内的吸附剂拆开包装后应尽快装入。如需经过烘干处理才可装入的吸附剂，烘干处理、安装要求应按产品技术文件规定进行。

b. 抽真空应符合下列要求：

（a）抽真空应由经培训合格的专人负责操作，真空机组应完好，所有管道及连接部件应干净、无油迹。

（b）为防止抽真空过程中真空泵油被吸入设备，真空机组必须装设电磁逆止阀。

（c）检查真空泵的转向，正常后起动真空泵，待真空度达到制造厂产品技术文件规定的真空度，再继续抽真空 30min，然后停泵 30min，记录真空度 a，再隔 5h，读取真空度 b，若 $b-a<133Pa$，则可认为合格，否则应进行处理并重新抽真空至合格为止。

c. 充注 SF_6 气体应符合下列要求：

（a）用 SF_6 气体把管道内的空气排掉，再将充气管道连接到设备充气口的阀门上。

（b）充气速度应缓慢。在冬季施工，宜用气瓶电加热器加热，当充到 0.25MPa 时，应检查所有密封处，确认无渗漏，再充至略高于额定工作压力，以便抽气样试验。

（c）充气过程中应核对密度继电器的辅助触点是否能准确可靠动作。

（d）当气瓶压力降至 9.8×10^4Pa（环境温度 20℃）时，即停止使用。

（e）不同温度下的额定充气压力应符合压力—温度特性曲线。

（f）充气结束后将充气口密封。

5）密封检查。

a. 密封性试验应在充气后 24h 进行。

b. 检查时按照电气设备相关交接试验标准规定执行，每个气室的年漏气率不应大于 0.5%（或按合同要求）。

6）SF_6 气体含水量测试。

a. SF_6 气体含水量测量必须在充气至额定气体压力下不小于 48h 后进行，且空气相对湿度不大于 85%。

b. SF_6 气体含水量交接验收标准见表 5-3（若制造厂要求严

于表 5-3 中，则按制造厂要求执行）。

表 5-3 SF_6 气体含水量交接验收标准

隔室	有电弧分解物的隔室	无电弧分解物的隔室
交接验收值（μL/L）	≤ 150	≤ 250

（5）电缆敷设及二次接线。

1）设备上的电缆应通过电缆槽盒及金属软管敷设。

2）电缆应排列整齐、美观，电缆热缩头长短一致，并且固定高度一致。

3）二次接线按图施工，做好接线表，确保接线正确率 100%，屏蔽线一点接地，接线工艺应美观、可靠。

4）端子排里外芯线弧度对称一致。

（6）接地。

1）按照设计要求安装设备底座的接地线。

2）接地引下线及其与主接地网的连接应满足设计要求，接地应可靠。

3）GIS 的接地端子应接地，应采用专门敷设的接地线接地。

4）各连接处应用专用跨接片连接，所有电气设备均按规范要求接地。

5）接地线安装应工艺美观、标识规范。

2. 电气试验

（1）就地/远方操作各单元器件动作可靠，符合设计要求。

（2）回路电阻测量。

1）测量每个测量段的回路电阻值，实测值满足产品技术文件规定；

2）回路电阻测量应采用直流压降法，测试电流为 200A。

（3）辅助回路的绝缘试验。辅助回路应耐受 2000V 工频耐压 1min。耐压时，电流互感器二次绕组应短路并与地断开；电压互感器二次绕组应开路。

（4）气体密度继电器及压力表校验。

1）气体密度继电器应校验其触点动作值与返回值，并符合产品技术文件的规定；

2）压力表指示值的误差与变差，均应在产品相应等级的允许误差范围内；

3）校验方法可以用标准表在设备上进行核对，也可在标准校验台上进行校验。

（5）连锁试验。不同元件之间设置的各种连锁均应进行不少于 3 次的试验，以检验其动作的正确性。

（6）交接试验应符合电气设备相关交接试验标准。

3. 设备连线

（1）设备连线的安装应符合设计要求，不应使接线端子受到超过允许的外加应力。

（2）设备接线端子应清洁，并涂以薄层电力复合脂。

（3）设备线夹尾部朝上安装时，易积水部位最低点宜钻排水孔。

4. 检验

（1）气体绝缘金属封闭开关设备安装牢固、外表清洁，动作性能符合产品技术文件规定。

（2）气体绝缘金属封闭开关设备及其传动机构的联动应正常，无卡阻；分、合闸指示正确；辅助开关及电气闭锁应动作正确、可靠。

（3）密度继电器的报警、闭锁值应符合规定，回路正确。

（4）SF_6 气室密封良好，含水量符合规定。

（5）油漆应完整、相色标识正确，接地良好。

（6）安装、调整记录和试验报告符合档案管理要求。检验及评定资料齐全。制造厂提供的产品说明书、试验报告、合格证件及安装图纸等技术文件齐全。

（7）备品、备件、专用工具及测试仪器移交清单应齐全。

四、工艺质量通病防治措施

工艺质量通病防治措施，见表 5-4。

表 5-4 工艺质量通病防治措施

类别	质量通病现象	原因分析	防治措施
1000kV 设备安装	SF₆ 气体水分超标	（1）在充气前未做好准备工作。 （2）在潮湿环境下施工	（1）在充气前必须按厂家规定进行抽真空及充氮干燥等，真空度必须符合要求。施工环境必须干燥，其湿度必须符合厂家要求。 （2）对厂家的成品气体必须进行抽检，抽检必须合格，才能充入设备本体
	隔离开关不同期	施工人员责任心不强，对规范不熟悉	强化技术交底，组织施工人员对规程规范进行学习

五、质量工艺示范图片

现场安装作业采用三维可视化效果、防尘帐篷（一）、防尘帐篷（二）、跨接线安装、接地跨接线安装、设备接地、伸缩节跨接线安装、户外型 GIS 设备示范图片分别见图 5-12～图 5-19。

图 5-12　现场安装作业采用三维可视化效果

图 5-13　防尘帐篷（一）

图 5-14　防尘帐篷（二）

图 5-15　跨接线安装

图 5-16　接地跨接线安装

图 5-17　设备接地

图 5-18　伸缩节跨接线安装

图 5-19 户外型 GIS 设备

第四节 架空母线施工过程中主要控制措施

一、相关强制性条文

《电气装置安装工程 母线装置施工及验收规范》（GB 50149—2010）

> 3.5.7 耐张线夹压接前应对每种规格的导线取试件两件进行试压，并应在试压合格后再施工。

二、施工工艺流程

准备

材料搬运

测量尺寸

下料

压接或者焊接

组装

现场清理

母线架设

结束

三、工艺质量控制措施

架空母线安装。软母线安装：导线和金具的规格要符合设计要求，导线外观无缺陷，压接前要进行试件压接试验，压接后管端导线应无隆起、松股现象，架设后母线弧度允许误差－2.5%～＋5%，组合导线固定线夹间距误差小于3%（见图5-20）。

图 5-20 母线弧度控制

1. 施工材料验收、检查

（1）导线外观检查验收。

（2）导线导电部分的断面损伤不大于 5%，铜芯无损伤，导线不得有扭结、松股、断股现象及其他明显损伤。

2. 金属外观检查验收

表面应光滑，无裂纹、伤痕、砂眼、锈蚀、滑扣等缺陷；镀锌良好，无锌皮剥落、锈蚀现象；线夹船型压板与导线接触面应光滑平整，垂钓线夹的转动部分应灵活。

3. 盘型瓷绝缘子检查验收

瓷绝缘子表面釉层完整均匀，表面光滑完好无裂纹、损伤及明显气孔。

4. 长度确定与下料

（1）下料前应确定软导线的长度，导线安装弧垂按照设计要求。

（2）展放导线时施工场地需铺设不伤及导线的软垫，场地应平整，测量时应保持导线的挺直。

（3）切割导线端头应加以绑扎，端面应整齐、无毛刺，并与线股轴线垂直。

5. 金属与导线连接

（1）压接后压接管不应有扭曲及弯曲现象，有明显弯曲时应校直。

（2）压接后不应使接续管口附近导线有隆起和松股，接线管表面应光滑、无裂纹，1000kV及以上电压的接续管应倒棱、去毛刺。

（3）当管子接压完后有飞边时，应将飞边锉掉，铝管应锉成圆弧状。

（4）钢管接头压制后，凡锌皮脱落者，不论是否裸露于外，皆涂以富锌漆以防生锈。

6. 软母线架设

（1）母线弧度应符合设计要求，其允许误差为$-2.5\% \sim +5\%$范围内，同一档内三相母线的弧度应一致，相同布置的分支线，宜有同样的弧度。做到整齐划一、规范美观。

（2）母线和衬管检查：型号和材质必须符合设计要求，并有产品合格证；表面平直光洁，不得有裂纹和损伤；轴线弯曲挠度控制在规范要求之内，不满足要求的，用校正平台校正（见图5-21）。

图 5-21 母线安装

7. 焊丝检查

焊丝选择必须与管母的材质匹配，合格证件和试验报告齐全。

8. 绝缘子检查

检查绝缘子应完整、无裂纹，胶合处填料应完整，结合牢固。

9. 金具检查

规格和型号符合，合格证齐全，表面应光洁无毛刺（见图5-22）。

10. 绝缘子组装

（1）支柱绝缘子安装根据支架标高和支柱绝缘子长度综合考虑，保证支柱绝缘子的轴线、垂直度和标高满足安装要求。

（2）支撑的固定金具、滑动金具和伸缩金具位置符合设计要求。

（3）悬式绝缘子串组装符合设计图纸和规范要求，测量绝缘子串长度，适当调节花蓝螺钉，使绝缘子串等长（见图5-23）。

图 5-22　跳线连接示例　　　　图 5-23　设备引下线安装

四、工艺质量通病防治措施

工艺质量通病防治措施，见表5-5。

表 5-5　　　　　　　　　　工艺质量通病防治措施

类别	质量通病现象	原因分析	防治措施
架空母线安装	软母线三相弛度及引下线弯曲度不一致	架空线下线尺寸计算不合理	架空线下线采用统一计算公式计算导线长度，下线时将导线尽量放直测量，保证测量准确。下线时应尽量将导线放直测量，在放线时要在平整的场地铺上旧橡皮或者苇席

续表

类别	质量通病现象	原因分析	防治措施
架空母线安装	架空线与线夹连接处出现灯笼现象，导线有损伤	线夹安装方法不当，导线未进行相应保护	在切取铝绞线时，应在切口附近用铁丝扎牢，以防止松股。一般对于设备连线采用压接法，即从线夹管口向引流板方向依次压接。放线时，平整一块场地，铺上旧橡皮或苇席，架起导线盘后，在上面放线，测量、切割、压线。放线过程中，注意保护导线不受外力损伤

五、质量工艺示范图片

出线侧软母线安装示范图片见图 5-24。

图 5-24　出线侧软母线安装

第五节　直流系统和 UPS 安装的控制措施

一、相关强制性条文

《电气装置安装工程　接地装置施工及验收规范》（GB 50169—2006）

3.1.3 需要接地的直流系统的接地装置应符合下列要求：

1 能与地构成闭合回路且经常流过电流的接地线应沿绝缘垫板敷设，不得与金属管道、建筑物和设备的构件有金属的连接。

3 直流电力回路专用的中性线和直流两线制正极的接地体、接地线不得与自然接地体有金属连接；当无绝缘隔离装置时，相互间距离不小于 1m。

二、施工工艺流程

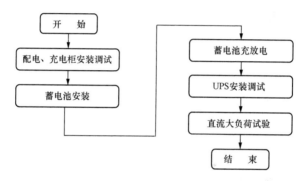

三、工艺质量控制措施

（1）参加设备的开箱检查与验收，检查与验收结果应符合规程的规定。

（2）蓄电池安装前，外观检查应符合下列要求：

1）蓄电池槽应无裂纹、损伤，槽盖应密封良好。

2）蓄电池的正、负端柱必须极性正确，并应无变形。

3）对透明的蓄电池槽，应检查极板无严重受潮和变形；槽内部件应齐全无损伤。

4）连接条、螺栓及螺母应齐全。

5）温度计、密度计应完整无损。

（3）蓄电池的安装应符合下列要求：

1）蓄电池放置的平台、基架及间距应符合设计要求。

2）蓄电池安装应平稳，间距均匀；同一排、列的蓄电池槽应高低一致，排列整齐。

3）连接条及抽头的接线应正确，接头连接部分应涂以电力复合脂，螺栓应紧固。

4）有抗震要求时，其抗震设施应符合有关规定，并牢固可靠。

5）温度计、密度计、液面线应放在易于检查的一侧。

（4）蓄电池的引出电缆的敷设，应符合下列要求：

1）宜采用塑料外护套电缆；当采用裸铠装电缆时，其室内部分应剥掉铠装。

2）电缆的引出线应用塑料色带标明正、负极性。

3）电缆穿出蓄电池室的孔洞及保护管的管口处，应用耐酸材料密封。

（5）每个蓄电池应在其台座或槽的外表面用耐酸材料标明编号。

（6）蓄电池的充放电要点：

1）按产品技术条件进行，不得过放过充。

2）首次放电完毕后，应按产品技术要求进行充电，间隔时间不宜超过 10h。

3）充、放电结束后，对透明槽的电池，应检查内部情况，极板不得有严重弯曲、变形或活性物质严重剥落。

4）在整个充、放电期间，应按规定时间记录每个蓄电池的电压、电流及电解液的密度、温度。

5）充、放电结束后，应绘制整组充、放电特性曲线。

（7）UPS 控制点经调试应满足以下要求：

1）可长期运行 110%的负荷倍数下。

2）在逆变器输出电压消失、受到过度冲击、过负荷或 UPS

负载回路短路时，能自动切换到旁路交流电源，切换时间不大于3ms，延时报警。逆变器恢复正常运行时自动切回。

3）主厂房 UPS 开机运行，当一台 UPS 故障时，另一台承担全部负载；当两台 UPS 都发生故障，自动将负荷切换至旁路电源上。

四、工艺质量通病防治措施

工艺质量通病防治措施，见表5-6。

表 5-6　　　　　　　　工艺质量通病防治措施

序号	类别	质量通病现象	原因分析	防治措施	治理措施
1	厂制蓄电池架安装	蓄电池架油漆剥落、不完整	在搬运、安装过程中碰撞	对施工人员进行交底，使其掌握规范要求	对剥落及不完整处重新粉刷与蓄电池架相对应的油漆
2		蓄电池架水平误差大	对规范及设计要求不清，施工人员图省事	对施工人员进行交底，使其掌握规范要求	重新调整蓄电池架水平误差，使误差不大于±5mm
3	蓄电池安装	蓄电池安装不平稳，间距不均匀、高低不一致、排列不整齐	对规范及设计要求不清，施工人员图省事	技术员进行交底，使施工人员掌握规范要求	蓄电池底部垫个橡皮使之平稳，间距一致保持20mm，在安装过程中整排蓄电池侧面及顶部各拉两道线调整
4		连接条与端子连接不正确，不紧固、接触部位没有涂有电力复合脂	对规范及设计要求不清，施工人员图省事	对施工人员进行培训，技术进行交底，使施工人员掌握规范要求	根据极性选择正确的连接条，各蓄电池正、负极首尾相连，接触部位涂有电力复合脂，用扳手重新紧固

五、质量工艺示范图片

蓄电池组安装、蓄电池组安装示例、机组蓄电池安装、安装完成的 UPS 装置示范图片分别见图5-25～图5-28。

图 5-25　蓄电池组安装

图 5-26　蓄电池组安装示例

图 5-27　机组蓄电池安装

图 5-28　安装完成的 UPS 装置

第六节　盘、柜安装控制措施

一、相关强制性条文

《电气装置安装工程　盘、柜及二次回路接线施工及验收规范》（GB 50171—2012）

4.0.6　成套柜的安装应符合下列规定：

1　机械闭锁、电气闭锁应动作准确、可靠。

7.0.2　成套柜的接地母线应与主接地网连接可靠。

二、施工工艺流程

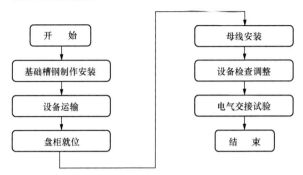

三、工艺质量控制措施

（1）施工条件要求：

1）拆除对电器安装有碍的模板、脚手架，场地清理干净，屋顶、楼不得有渗漏。

2）室内地面基层施工和门窗安装完毕，门窗必须设置防盗、防小动物进入配电室的安全装置。

3）设备基础和构架达到允许安装的强度，焊接构件的机械强度符合设计要求。

4）预埋件、预留孔的位置和尺寸符合设计要求。

5）凡进行装饰工作时，有可能损坏已安装设备或设备安装后不能再进行施工的装饰工作全部结束。

（2）盘、柜安装：

1）基础槽钢安装，其允许偏差符合表5-7的规定，柜体单独或成列安装时，其垂直度、水平度、柜间接缝等的允许偏差应符合规定。盘、柜基础统一为黑色。

表 5-7　　　　　　　　基础槽钢安装的允许偏差

项　　目	允　许　偏　差	
	mm/m	mm/全长
不直度	<1	<5

项　目	允　许　偏　差	
	mm/m	mm/全长
水平度	<1	<5
位置误差及不平行度		<5

2）盘、柜安装在振动的场所，应采取防振措施。柜内设备各构件间连接应牢固，基础槽钢应接地可靠。盘、柜的接地应牢固良好，应以软导线与接地的金属构架可靠地连接。盘、柜安装的允许偏差见表 5-8。

表 5-8　　　　　　　　盘、柜安装的允许偏差

项　　目		允许偏差（mm）
垂直度（每米）		<1.5
水平偏差	相邻两盘顶部	<2
	成列盘顶部	<5
盘间偏差	相邻两盘边	<1
	成列盘面	<5
盘间接缝		<2

3）柜体的漆层完整、无损伤，固定电器的（可拆部分）支架等应热镀锌防腐处理。安装于同一室内的柜体颜色宜和谐一致。

（3）盘柜上的电器安装应符合下列要求：

1）规格应符合设计要求，外观应完整，且附件齐全，排列整齐，固定牢固，密封良好。

2）各电器应能单独拆装更换，而不影响其他电器及导线束的固定。

3）熔断器的熔体规格应符合设计要求。

4）信号装置回路的信号灯、光字牌、电铃、事故电钟等应显

示准确，工作可靠。

5）二次回路的带电体之间或带电体与接地间，其电气间隙不应小于 4mm。漏电距离不应小于 6mm。

6）柜上的母线两侧和二次回路、接线端子应标明其代号或名称的标志牌，字迹应清晰，且不易褪色。

7）柜上母线及其分支线（排）的裸露载流部分与未经绝缘的金属体之间的电气间隙距离应符合规定。

（4）10kV 真空断路器安装控制要点。参加设备的开箱检查与验收，应符合下列要求：

1）开箱前包装应完好；断路器的所有部件及备件应齐全，无锈蚀或机械损伤。

2）灭弧室、瓷套与铁件间应黏合牢固，无裂纹及破损。

3）绝缘部件不应变形、受潮。

4）断路器的支架焊接应良好，外部油漆完整。

（5）小车真空断路器的检查与调整，应符合下列要求：

1）小车断路器安装应垂直，固定应牢靠，相间支持瓷件在同一水平面上。

2）三相联动连杆的拐臂应在同一水平面上，拐臂角度一致。

3）操动机构的零部件应齐全，各转动部分应涂以适合当地气候条件的润滑脂。

4）安装完毕后，应先进行手动缓慢分、合闸操作，无不良现象时方可进行电动分、合闸操作。

5）机械及电气防误闭锁功能可靠。

6）小车真空断路器的行程、压缩行程及三相同期性、导电回路接触电阻应符合产品的技术规定。

（6）小车真空断路器的各项电气试验应满足《电气装置安装工程　电气设备交接试验标准》（GB 50150—2006）的规定。

（7）10kV 成套高压开关"五防机构"动作可靠，传动无卡涩。

（8）电动机检查接线控制要点。参加设备的开箱检查与验收，检查与验收结果应符合规程的规定。电动机的检查应符合下列要求：

1）盘动转子应灵活，不得有碰卡声。

2）润滑脂的情况正常，无变色、变质及变硬等现象；其性能应符合电动机的工作条件。

3）电动机的引出线鼻子焊接或压接应良好，编号齐全，裸露带电部分的电气间隙应符合产品标准的规定。

4）电动机绕组的绝缘电阻及吸收比应满足规程规定。

5）电动机抽转子检查应符合规程及厂家规定。

6）电动机的各项电气试验应满足 GB 50150—2006 的规定。

（9）基础型钢安装：

1）基础型钢必须经除锈、校直后进行盘柜底座的制作和安装。

2）基础型钢落料应采用电动切割工具，不允许采用气割与焊割。切口应平整无毛刺，落料完成后应做好防腐处理。

3）基础安装应以盘柜安装所在层面的最终地面标高为标准，电气固定式开关盘柜基础与地面标高差为 10～20mm，如图 5-29、图 5-30 所示。

图 5-29　盘柜基础标高安装　　　　图 5-30　盘柜基础安装控制

4）电气手车式开关盘柜基础标高应与地面标高一致。

5）预埋件与基础间垫铁应塞实，焊接必须牢固。

6）基础底座框架应可靠接地，每排电气盘柜框架至少应有2处接地点。

7）基础槽钢安装允许偏差：不直度不大于1mm/m，全长不直度不大于3mm，水平度不大于1mm/m，全长水平度误差不大于3mm，基础中心线误差不大于5mm。盘底座的固定应牢固，顶面应水平，倾斜度不得大于0.1%。

8）盘柜吊装应用专用的尼龙吊带，不得使用钢丝绳。

9）盘柜就位后一般先从一侧第一个柜开始一次找正。

10）盘柜成排安装时，其垂直度偏差每米不大于1.5mm，相邻两盘顶部水平度偏差不大于2mm，成排列盘顶部不大于5mm，柜间缝隙不大于2mm。相邻两屏屏面不平度不大于1mm，成排屏面不大于5mm。

11）盘柜全部找正找平后，首尾两端应拉线绳检查，要求全部盘面在同一直线上。

a．柜体固定：

（a）无特殊说明电气配电柜的固定应采用焊接方式，焊接部位在盘柜底部四角，与基础焊接长度要求在20～40mm，焊接应牢固，焊接完毕后应在焊接部位做防腐处理。

（b）其他控制盘、保护盘应采用螺接，底脚螺栓用柜体的原装件。

（c）凡在振动较大的场所，盘柜应有减振措施，一般可以在柜体与基础之间垫10mm后的橡皮，并采用螺接。

（d）所有盘柜之间的连接均应用螺栓进行固定，盘间螺钉孔应相互对应，如位置不对可用圆锉修整或用电钻重新开孔，但不得用火焊开孔。

b．盘上设备检查安装（见图5-31）：

图 5-31　盘内设备安装

（a）盘面设备外观检查应完好、整齐，盘上标志应齐全、清晰，油漆应完好，无裂绣。

（b）盘内设备应外观完整、附件及卡件齐全，固定牢固。

（c）盘内的连接线路、管线应美观可靠、整齐。

（d）电气盘柜上的小母线应采用直径不小于 6mm 的铜棒制作，安装前应校直，小母线两侧应挂上标志牌，标明代号、名称等。

（e）机柜设备的标志牌、铭牌端子应完整，书写正确、清楚并置于明显位。

四、工艺质量通病防治措施

工艺质量通病防治措施，见表 5-9。

表 5-9　　　　　　　　　工艺质量通病防治措施

序号	类别	质量通病现象	原因分析	防治措施
1	盘柜安装	户外盘柜、箱的门密封不严	设备质量不好，施工人员图省事	（1）设备安装前检查仔细。 （2）如果安装后出现门密封不严，及时处理，不能处理的通知厂家
2		屏、柜的检修面没有名称标识	正式标识没有及时贴	通知业主对设备编号及时张贴，在正式标识贴之前先贴上临时标识
3		屏、柜、箱内不清洁	施工人员图省事	安装后及时清理卫生，加强施工过程控制

五、质量工艺示范图片

PC 配电柜、中压开关柜布置、端子箱安装、发电机—变压器组保护柜安装（一）、发电机—变压器保护柜安装（二）、盘柜的防护示范图片分别见图 5-32～图 5-37。

图 5-32 PC 配电柜

图 5-33 中压开关柜布置

图 5-34 端子箱安装

图 5-35 发电机—变压器组
保护柜安装（一）

图 5-36 发电机—变压器组
保护柜安装（二）

图 5-37 盘柜的防护

第七节 电气照明施工控制措施

一、相关强制性条文

暂无相关强条规定。

二、施工工艺流程

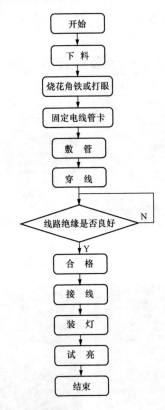

三、工艺质量控制措施

1. 电气照明施工控制要点

（1）电气照明全负荷试验，大型灯具牢固试验，避雷接地电阻测试，线路、插座、开关接地检验记录。

（2）材料、设备出厂合格证书，开箱检验记录，进场检验（试）验报告，设备调试记录，接地、绝缘电阻测试记录，负荷试验、安全装置检查记录、钢管必须有质保书，并注明规格、数量、品种。

（3）钢管与设备直接连接时，应将钢管伸至设备接线盒内，端部应采用金属软管，再接入设备接线盒内。

（4）钢管连接的末节与中间节均需用圆钢接地跨接，焊接长度不小于圆钢直径的 6 倍，暗配钢管连接宜采用套管连接，套管长度为连接管外径的 1.5～3.0 倍，连接管的对口处应在套管的中心，焊口应焊接牢固、严密。钢管管路的所有连接点必须可靠。

（5）所穿导线型号、规格、数量应符合设计要求，导线应有合格证。导线在接线盒、开关盒、插销盒及灯头盒内的预留长度为 15cm，在配电箱内的预留长度为配电箱箱体周长的 1/2，导线出产的预留长度为 1.5m，公用导线在分支处，可不剪断而直接穿过。

（6）在导线穿管之前对管路必须认真加工并清扫，以保证管内无积水及杂物，并用钢丝抽拉，将管内毛刺打光，以便利穿线。同时把线盒内的泥水清净，导线接头绝缘可靠。在穿线时必须备齐各挡规格的护口，操作谨慎，每穿一路线即套上护口，并将线头弯起，选用合格的接线钳，线芯长度适当。不同电压等级，不同回路的导线不得穿同一根管子。导线在管内不得有接头和扭结，接头应设在接线盒内。

（7）配线时，相线、中性线、接地线应用不同颜色，L1、L2、L3、N、PE 导线分别为黄、绿、红、蓝和黄绿双色。绝缘导线在使用前必须进行绝缘电阻测试，照明回路必须大于 0.5MΩ，动力回路不小于 1MΩ。

（8）嵌入顶棚内的灯具应固定在专设的框架上，电源线不应贴近灯具外壳，灯线应留有富裕度，固定灯罩的框架边缘应紧贴在顶棚上。在同一场所的灯具应横平竖直，其中心线偏差小于 5mm。

（9）单相三孔插座接线时，面对插座左孔接工作中性线，右孔接相线，上孔接零干线或保护中性线或接地线，严禁将上孔与左孔用导线相连接；三相四孔插座接线时，面对插座左孔接 L1 相相线，大孔接 L2 相相线，右孔接 L3 相相线，上孔接零干线或保护中性线或接地线。同一场所的三相插座，其接线的相位必须一致。

（10）开关的通断位置应一致，一般向上为"合"，向下为"分"。开关安装距门框为 0.15～0.20m，同一场所的开关高度应一致，盖板应端正，紧贴墙面。配电箱内应分别设置中性线和保护接地线（PE 线）汇流排，中性线和 PE 线应在汇流排上连接。

2. 附图说明

（1）设备材料质量检查：

1）电线管不应有穿孔、裂纹或显著的凹凸不平现象，内壁应光滑，无毛刺。

2）灯具应无损伤或破裂，附件配件齐全。

3）配电箱外观应平整，无凹凸不平，箱门开闭灵活，油漆完整。开关切断位置正确、明显，回路编号及照明部位、名称清晰、正确（见图 5-38）。

图 5-38　配电箱安装外表美观

（2）电线管敷设：

1）敷设管径依据设计图纸，应以距离短、弯曲少为原则，做到横平竖直，美观大方。

2）电线管的连接应采用螺接方式，管端螺纹长度不应小于管接头的 1/2；连接后，其螺纹应外露 2～3 扣。螺纹表面应光滑、无缺损，连接要牢固密封。

3）电线管弯制应采用弯管器折弯。

4）电线管固定牢固，电线管固定距离不得超过 3m（见图 5-39）。

5）管卡与电线管终端、转弯点，电气器具或接线盒边缘的距离应控制在 150～500mm 之间。

6）照明线路分支处应采用分线盒。

（3）配电箱安装：配电箱安装高度要求为箱底距地面 1.3m。开关安装高度要求 1.5m（见图 5-40）。

图 5-39　电线管固定安装　　　图 5-40　箱柜安装距地面高度规范

（4）灯杆、灯具的安装：

1）底座及灯杆的安装应采用焊接方式，并将灯杆的长度调整到适当的高度，安装完毕后底座必须油漆完整。

2）灯杆穿线时应预留足够的长度。

3）露天灯具安装完成后，必须在雨水易渗漏并造成电气短路处封上密封胶。

4）灯具成排成行安装时，灯罩方向、灯杆弯曲度、灯杆高度保持一致（见图 5-41）。

图 5-41　灯具安装成排成线

四、工艺质量通病防治措施

工艺质量通病防治措施，见表 5-10。

表 5-10　　　　　　　　　工艺质量通病防治措施

序号	类别	质量通病现象	原因分析	防治措施
1		墙（柱）上安装的灯具固定不牢，个别灯具出现低头现象	灯具固定方式不合适	不得采用木接线盒或射钉固定灯具，尽量采用钢接线盒或膨胀螺栓固定灯具，灯具固定螺栓不少于三个
2	照明设备安装	钢照明管对接存在对焊	对规范规定不清、图省事	钢照明管对接时采用套管螺接
		金属软管连接不美观，个别金属软管过长	金属软管固定不牢	金属软管两端应固定牢固，避免一段时间后滑下；电缆保护管应敷设到位，原则上金属软管长度不超过 0.8m
3		灯位安装偏位，不在中心线上，成排灯具的水平度、直线度偏差较大	预埋灯盒位置不对，有偏差，施工人员责任心不强，对现行的施工不熟悉；灯具安装未拉线定位，定位不准确	安装灯具前，应认真找准中心点，及时纠正偏差；按规范要求，成排灯具安装的偏差不应大于 5mm，因此，在施工中需要拉线定位，使灯具在纵向、横向、斜向均为一直线

五、质量工艺示范图片

锅炉房照明安装、集控室照明安装示范图片分别见图 5-42、图 5-43。

图 5-42　锅炉房照明安装

图 5-43　集控室照明安装

第八节 电缆线路施工控制措施

一、相关强制性条文

《电气装置安装工程 电缆线路施工及验收规范》（GB 50168－2006）

4.2.9 金属电缆支架全长均应有良好的接地。

5.2.6 直埋电缆在直线段每隔50～100m处、电缆接头处、转弯处、进入建筑物等处应设置明显的方位标志或标桩。

7.0.1 对易受外部影响着火的电缆密集场所或可能着火蔓延而酿成严重事故的电缆回路,必须按设计要求的防火阻燃措施施工。

二、施工工艺流程

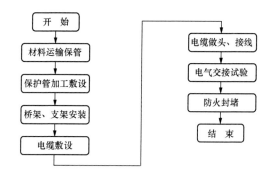

三、工艺质量控制措施

1. 电缆线路施工控制要点

（1）桥架安装控制要点:

1）桥架应予组合，校正歪差，防止不平不直，严禁在施工中将电缆桥架做脚手架使用，不允许采用电（火）切割、修正电缆桥架，不允许将电缆桥架作为电焊的接地连接，也不能将电缆桥架做其他工序的支吊架。

2）排列拐弯的电缆，应放置不少于 3 个固定卡具。整根电缆敷设后，电缆两头应固定防止电缆的松动变形。电缆穿越防火墙时，对结构不严地方要设防火卡具。桥架布置要经过现场二次设计，避免电缆敷设不均匀、桥架过空现象。

3）电缆孔洞空隙部分应使用合格防火材料堵抹，堵抹面应具有足够的强度，表面工艺美观。

4）在进行防止电缆头爆炸的热塑头制作时，要符合工艺规程，热塑管中应无气泡，线鼻子与芯线连接规格应相符，接触良好，无裂纹、断线。铜线鼻子镀锡干净，焊锡饱满凸出，表面光滑无毛刺。

5）控制电缆头装配应做到紧固、密实、牢固、整齐、美观。

6）二次接线应有按设备实际位置排列的电缆端接接线卡，接线应按从上层至下层、从左到右的顺序进行。接线工作点照明充足，每个盘柜应由同一个人作业，中间不宜换人。线间固定保持间距一致、平整，拐弯应在同一位置、同一形状，以保证接线工艺的整齐、美观。

7）质量检查：桥架安装前，对照图纸检查桥架型号、规格符合设计、齐全完整；桥架安装中，对照设计断面布置检查是否符合"规范"要求；桥架安装后，用手扳动以检查桥架固定强度、牢靠。

（2）附图说明（见图 5-44～图 5-53）。电缆桥架：

1）立杆下料不得用电焊、火焊切割，下料后的立柱需要用磨光机或锉刀打磨掉切口边处的卷边、毛刺。

2）支架安装要求牢固、横平竖直；相邻托架连接平滑无起拱、塌腰现象，支架应无扭曲变形现象，外表镀层无损伤脱落。

3）当设计无要求时，支吊架间的距离应小于 1.5m，装阻燃槽盒的支吊架间的距离应小于 1.6m，并保证每节桥架或槽盒有两个支架支撑。

图 5-44 支吊架安装整齐　　图 5-45 支吊架间的距离及支撑规范

4）电缆支架的层间允许最小距离应符合国家有关规程规范的要求。

5）水平走向桥架安装在钢结构厂房内时，可把支架直接焊接到钢结构或辅助梁上。支架应焊接牢固，无明显的变形扭曲，各横撑间的垂直净距与设计院设计偏差小于 5mm，在焊接过程中还应对已经防腐的电缆支架采取隔离保护，防止焊渣飞溅损坏支架防腐层。

6）支架固定在混凝土结构上时，若有预埋件，可直接焊接到预埋件上，若无，可用膨胀螺栓固定。

7）同层桥架横档水平倾斜偏差每米应不超过 2mm，高低偏差每米应小于 2mm；托架、支吊架沿桥架走向左右偏差应小于 10mm。

图 5-46 电缆支架各层之间距离　　图 5-47 电缆沟内支架安装工艺
　　　　 均匀相等

8）安装前必须对变形的桥架进行调直，并进行毛刺及污浊等处理，桥架必须用专用工具进行切割。切割后，用角向磨光机除去切割表面的毛刺。

9）桥架拼装要求横平竖直、无变形，外表镀层无损伤脱落。

图 5-48　桥架的拼装　　　图 5-49　桥架侧板螺栓连接工艺美观

10）相邻桥架的连接应用螺栓固定，连接螺栓的螺母应放置在外侧，双侧平垫圈及弹簧圈不得漏装、反装。

11）桥架的伸缩缝应符合设计要求。当设计无要求时，直线段钢制托架总长度超过30m，铝合金或玻璃钢制托架大于15m时，应有伸缩缝，其连接应采用伸缩连接板。电缆桥架跨越建筑物伸缩缝处应同样设置伸缩缝。

图 5-50　桥架转弯处平滑过渡　　　图 5-51　电缆桥架安装工艺

12）电缆桥架转弯处的转弯半径，不应小于该桥架上敷设电缆的最小允许弯曲半径中的最大值。

图 5-52　电缆桥架安装工艺　　　图 5-53　集控楼电缆夹层小桥架安装工艺

2. 电缆敷设控制要点

（1）电缆敷设时，观察检查电缆排列整齐弯度一致；电缆固定后，观察检查电缆水平度、垂直度，及首末两端和拐弯的每个支持点是否达到要求；电缆敷设后，观察检查电缆孔洞处理、出入口封闭良好。

（2）电缆头制作时，对照施工设计检查电缆头终端盒安装是否符合设计要求；二次接线，应观察标志牌子内容及挂牌位置固定是否符合设计要求，所有接线应齐全正确、牢固可靠。

（3）电缆敷设重点是控制敷设过程，严防交叉混乱，通过微机数据库管理，完成电缆敷设的路径、顺序的优化，并实现对施工材料和施工人员的可追溯性，自动形成各阶段电缆敷设清册、统计查询报表、电缆敷设记录、电缆头制作记录、电缆标牌和控制线号。配合网络管理，根据施工进度向管理部门提供到货计划及完成情况报表，以供掌握电缆施工进度。

（4）提高电缆工程工艺质量应从制定电缆敷设和接线技术方案时统筹考虑，使电缆敷设走向合理、美观且符合技术、规范要求。具体方法有：

（5）对设计图纸中的电缆桥架走向进行可行性审核，发现设计层数以及桥架宽度不合理的布置应及早提出，请设计部门设计变更。

（6）电缆桥架安装前，要严格按照规范设计的要求进行进货检验，发现不合格的桥架进行整改或退货，保证安装的桥架为合格品。

（7）施工前认真审查电缆敷设图及相关的技术图纸，对电缆敷设图中的错误和遗漏进行确认，避免电缆的漏放和错放，造成电缆敷设后期的无序排列和交叉，影响美观。

（8）根据电缆桥架的布局、电压信号等级和现场的电气、热控设备及盘柜的位置合理安排电缆的敷设顺序及走向，同一方向、同一层次的电缆应集中敷设，避免在四通桥架处造成电缆敷设杂乱无章。

（9）协调处理与其他专业或承包公司存在的电缆接口问题，确定电缆整体敷设方案。

（10）优先敷设的电缆必须充分考虑后续电缆的敷设，为后续电缆的敷设留出足够的剩余桥架空间，尤其在集控楼电缆夹层及电缆隧道处应特别注意。

（11）根据现场情况确定电缆槽盒和电缆管的安装位置，尽可能使就地电缆一次敷设到位，避免二次敷设，减少人力和物力的浪费。

（12）借助计算机敷设电缆，确定电缆关键路径和节点，制作电缆断面图，选择电缆最佳走向，结合电缆桥架设计标示电缆路径编号。

（13）认真校审接线图，对接线图施工技术人员要理解透彻，如有必要应对接线图进行二次加工，使施工人员便于领会，避免出现错误。

（14）接线采取电缆接线表的方式，对每一根电缆的线芯做好记录，便于电缆两端对应接线，提高接线速度，保证接线正确率。

（15）电缆牌采用微机统一打印规范且不褪色的标识牌，绑扎牢固位置统一，使机柜内的电缆整齐美观。

（16）制定电缆头接线的工艺标准，缆头制作、接线的弯曲弧度、预留长度及垂直度等方面做到统一规划，严格执行。

（17）电缆出桥架、出槽盒的形式及工艺要求要统一。

（18）盘柜下动力电缆排列方式、工艺要求要统一（出架位置、弧度大小、距地面高度等）。

（1）附图说明（见图 5-54～图 5-62）：

1）敷设电缆时，电缆应从电缆盘的上方引出，引出头贴上相应的标签，粘贴应牢固，保证在敷设的过程中不脱落。

2）电缆盘的转动速度与牵引速度应很好配合，每次牵引的电缆长度不宜过长，以免在地上拖拉。

3）必须地面敷设且地面情况恶劣时，应铺上木板或其他保护物。当敷设面较大的电缆时，应使用滑车。

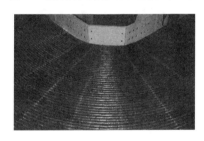

图 5-54　电缆转弯处施工工艺　　图 5-55　电缆敷设均匀整齐

4）电缆在桥架上应保持平直，电缆弯曲应满足最小弯曲半径要求。

5）敷设过程中，如有发现电缆局部有严重压扁或折曲现象时，应拉回废弃并另行敷设，不准中间接头。

6）电缆与热力管道、热力设备之间的净距，平行时应不小于1m，交叉时应不小于 0.5m，现场条件受限时，应采取隔热保护措施。

7）电缆敷设后应进行整理和固定，使其整齐美观、牢靠。

图 5-56　电缆敷设松紧适度，整齐美观

8）电缆应均匀敷设在桥架上，中间用电缆扎线扎牢，避免拱起。

9）固定电缆时，应按顺序排列，尽量减少交叉，松紧要适度，并应留有适当的裕量。

10）电缆敷设后在以下各点应加以固定。

a．垂直敷设时或45°倾斜敷设时，在每一个支架上。

b．水平敷设时，在直线段首末两端，电缆拐弯处，水平直段控制电缆每隔1个横撑处，水平直段动力电缆每隔4个横撑处。

图 5-57　电缆敷设施工工艺

图 5-58　电缆竖井敷设工艺

图 5-59 电缆竖井敷设工艺规范

图 5-60 美观的电缆敷设工艺

图 5-61 规范美观的电缆敷设工艺

图 5-62 电缆沟电缆敷设工艺

11）穿越保护管的两端。

12）引出线及端子排前 150～300mm 处。

13）离端头密封头约 1m 处。

（2）电缆管施工：

1）电缆套管弯制应使用电动（或手动）弯管机冷弯。

2）电缆管在弯制后，不应有裂缝或明显的凹瘪现象，其弯扁程度不宜大于管子外径的 10%；电缆套管的弯曲半径应大于被保护电缆的最小弯曲半径，电缆套管的弯成角度不应小于 90°。

3）电缆套管弯曲处表面应无裂纹、无凹陷，镀锌皮剥落处应涂以防腐漆。

（3）支架固定：

1）支吊架应设置在套管便于固定的地方，间距不大于套管最大允许跨距，套管转弯处应考虑设支吊架，布置应整齐美观。

2）支吊架不准直接焊接在压力容器、管道或设备上，可采用焊接方式在钢制支撑梁固定，也可以用混凝土预埋铁或膨胀螺栓固定于混凝土结构上（见图 5-63）。

3）套管敷设时各类弯头不应超过 3 个，直角弯头不应超过 2 个，当实际施工中不能满足上述要求时，可采用内径较大的管子或在适当部位设置拉线盒（见图 5-64）。

图 5-63　套管拉线盒布置工艺　　　图 5-64　电缆套管安装工艺

4）当电缆套管从电缆桥架引接时，不允许直接从桥架底部或顶部穿入。

5）电缆套管固定应使用 U 形抱箍或专用卡子，禁止采用焊接固定。

6）单管敷设时要求横平竖直，多根管子排列敷设时，管口高度、弯曲弧度应保持一致，力求布置得整齐美观。

7）电缆埋管的连接应采用套管焊接的连接方式，套管长度为电缆埋管外径的 1.5～3 倍，连接管的对口处应在套管的中心，焊口应焊牢、严密。

8）地面上电缆套管连接应采用丝扣连接方式，管端套丝的长度不应少于管接头长度的 1/2。

9）电缆套管接入接线盒时应尽可能从下方引入，且必须封堵电缆套管的管口，接线盒与电缆套管的连接孔，必须采用专用开孔机开孔。

10）敷设在竖直平面上的电缆套管口应距离平面至少 1/4″（6mm）。电缆套管管口离地面至少 30mm。

11）金属软管与电缆管的连接应采用套丝螺纹连接或卡簧接头连接，电缆套管与接头应配合紧密。

12）电缆管的埋深深度不应小于 0.7m；在人行道下面敷设时，不应小于 0.5m。

13）电缆管应有不小于 0.1%的排水坡度，伸出建筑物散水坡的长度不应小于 0.25m。电缆软护管全部采用黑色。从电缆桥架至电缆管之间，采用电缆软护管连接（见图 5-65～图 5-69）。

图 5-65　电缆套管固定整齐划一

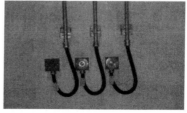

图 5-66　线管布置均匀美观

图 5-67　电缆套管从电控箱接入

图 5-68　套管安装的离地高度统一

（a）

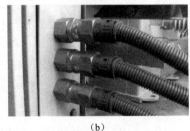

（b）

图 5-69　软管连接工艺

3. 电缆防火与阻燃

（1）施工要求：

1）安装前应检查隔板外观质量情况。

2）在支架托臂上设置两副专用挂钩螺栓，使隔板与电缆支（托）架固定牢固，并使隔板垂直或平行于支架，整体应确保在同一水平面上。螺栓头外露不宜过长，并应采用专用垫片。

3）隔板间连接处应留有 50mm 左右的搭接，用螺栓固定，并采用专用垫片。安装的工艺缺口及缝隙较大部位应用有机防火材料封堵。

4）用隔板封堵孔洞时应固定牢固、保持平整，固定方法应符合设计要求。

5）施工时应将有机防火堵料嵌于需封堵的孔隙中。

6）用隔板与有机防火堵料配合封堵时，有机防火堵料应略高于隔板，高出部分要求形状规则，可用铝合金边框定型。

7）电缆预留孔和电缆保护管两端口应采用有机堵料封堵严实，堵料嵌入管口的深度不应小于 50mm，预留孔封堵应平整。

8）根据需封堵孔洞的大小，严格按产品说明书的要求进行施工。当孔洞面积大于 $0.2m^2$，且可能行人的地方应采用无机隔板做加强底板。

9）用无机防火堵料构筑阻火墙时，应达到光洁平滑，无边角、毛刺。

10）阻火墙应设置在电缆支（托）架处，构筑要牢固；并应设电缆预留孔，底部设排水孔洞（见图 5-70、图 5-71）。

图 5-70　电缆桥架的防火隔板安装　　图 5-71　封堵隔板的固定安装

（2）防火包施工：

1）安装前对电缆做必要的整理，并检查防火包有无破损，不得使用破损的防火包。

2）在电缆周围裹一层有机防火堵料，将防火包平整地嵌入空隙中，防火包应交叉堆砌。

3）防火包在电缆竖井处使用时，应先在竖井孔下端放置一块与洞口大小相同的防火隔板，同时防火包的码放一定要密实。

4）当防火包构筑阻火墙时，阻火墙底部应用砖砌筑支墩。

（3）自黏性防火包带施工：施工前应进行电缆整理，并按产品说明要求进行施工，允许多根小截面电缆成束缠绕自黏性防火包带，端部缝隙应用有机防火堵料封堵严实。

（4）防火涂料施工：

1）施工前清除电缆表面的灰尘和油污。涂刷前，将涂料搅拌均匀（按一定比例调和）并控制合适的稠度。

2）涂刷水平敷设的电缆时，应沿着电缆的走向均匀涂刷；对于垂直敷设的电缆，宜自上而下涂刷，涂刷次数要求 2～3次，厚度为 1mm，厚度应均匀一致，每次涂刷的间隔时间不得少于规定时间，具体参见涂料技术指标（GA 181—1998）的规定。

图 5-72　防火堵料封堵工艺

3）遇电缆密集或成束敷设时，应逐根涂刷，不得漏涂（见图 5-72～图 5-74）。

（5）防火墙施工：

1）户外电缆沟内的隔断采用防火墙。对于阻燃电缆，在电缆沟每隔 80～100m 设置一个隔断；对于非阻燃电缆，宜每隔 60m 设置一个隔断，一般设置在临近电缆沟交叉处，电缆通过电缆沟进入保护室、开关室等建筑物时，采用防火墙进行隔断。

图 5-73　防火包阻火墙工艺

图 5-74　有机防火涂料封堵工艺

2）防火墙安装方式：两侧采用 10mm 以上厚度的防火隔板封隔、中间采用无机堵料、防火包或耐火砖堆砌，其厚度根据产品的性能而定（一般不小于 250mm）。

3）防火墙内的电缆周围必须采用不得小于 20mm 的有机堵料进行包裹。

4）防火墙顶部用有机堵料填平整，并加盖防火隔板；底部必须留有两个排水孔洞，排水孔洞处可利用砖块砌筑（见图5-75）。

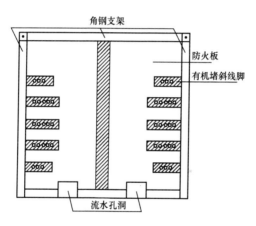

图 5-75　电缆沟防火墙工艺

5）防火墙必须采用热镀锌角钢做支架进行固定。

6）防火墙两侧的电缆周围利用有机堵料进行密实的分隔包裹，其两侧厚度大于防火墙表层厚度 20mm，电缆周围的有机堵料宽度不得小于30mm，呈几何图形，面层平整。

7）沟底、防火墙隔板的中间缝隙应采用有机堵料做线脚封堵，厚度大于防火墙表层厚度 10mm，宽度不得小于 20mm，呈几何图形，面层平整。

8）防火墙上部的电缆盖上应涂刷红色的明显标记。

（6）竖井：

1）电缆竖井处的防火封堵一般采用角钢或槽钢托架进行加固，确保每个小孔洞的规格小于 400mm×400mm。再用 10mm 或 20mm 厚的防火板托底封堵，托架和防火板的选用和托架的密度必须确保整体有足够的强度，能作为人行通道。

2）底面的孔隙口及电缆周围必须采用有机堵料进行密实封堵，电缆周围的有机堵料厚度不得小于 20mm（见图 5-76）。

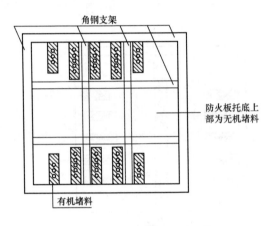

图 5-76　电缆竖井防火墙工艺

3）然后在防火板上浇筑无机堵料，其厚度按照无机堵料的产品性能而定，一般为 150~200mm。

4）无机堵料浇筑后在其顶部使用有机堵料将每根电缆分隔包裹，其厚度大于无机堵料表层厚度 10mm，电缆周围的有机堵料宽度不得小于 30mm，呈几何图形，面层平整。

（7）盘柜防火封堵工艺（见图 5-77）：

1）在孔洞底部铺设厚度为 10mm 的防火板，在孔隙口及电缆周围采用有机堵料密实封堵，电缆周围的有机堵料厚度不得小于 20mm。

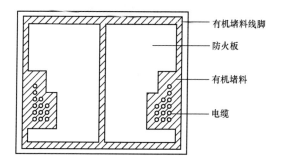

有机堵料线脚

防火板

有机堵料

电缆

图 5-77　盘柜、端子箱封堵工艺

2）用防火包填充或无机堵料浇筑，塞满孔洞。

3）在孔洞底部防火板与电缆的缝隙处做线脚，线脚厚度不小于 10mm，电缆周围的有机堵料的宽度不小于 40mm。

4）盘柜底部宜 10mm 防火隔板进行封隔，隔板安装平整牢固，安装中造成的工艺缺口、缝隙使用有机堵料密实地嵌于孔隙中，并做线脚，线脚厚度不小于 10mm，宽度不小于 20mm，电缆周围的有机堵料的宽度不小于 40mm，呈几何图形，面层平整。

5）防火板不能封隔到的盘柜底部空隙处，以有机堵料密实，有机堵料面应高出防火隔板 10mm 以上，并呈几何图形，面层平整。

在预留的保护柜孔洞底部铺设厚度为 10mm 的防火板，在孔隙口有机堵料进行密实封堵，用防火包填充或无机堵料浇筑，塞满孔洞。在预留孔洞的上部再采用钢板或防火板进行加固，以确保作为人行通道的安全性，如果预留的孔洞过大应采用槽钢或角钢进行加固，将孔洞缩小后方可加装防火板（孔洞的规格应小于400mm×400mm）。

四、工艺质量通病防治措施

工艺质量通病防治措施，见表 5-11。

表 5-11　　　　　　　　　工艺质量通病防治措施

类别	质量通病现象	原因分析	防治措施
电缆支架安装	支架水平、垂直度不满足要求	施工中水平、垂直度测量不准确，固定强度不够或其他外部原因损坏	（1）施工测量人员应在支架固定前和固定后多次测量。 （2）支架固定强度应满足要求，并做好成品保护
	支架变形	使用不合格材料，搬运、装卸过程中摔、压	支架搬运或装卸中严禁摔、压，防止变形
	电缆敷设质量差	（1）敷设路径不清晰。 （2）施工人员责任心不强	（1）加强技术交底，组织施工人员现场查看确定通道，并绘制敷设路径图，施工中严格安装设计通道敷设。 （2）加强对施工人员责任心教育
	做电缆头工艺差，接线错误	施工人员能力不够，责任心不强	组织对相关人员进行技能培训，提高业务能力，加强对施工人员责任心的培养
	电缆挂牌漏挂、错挂	施工人员粗心大意	施工结束及时将挂牌挂号，并进行核对

五、质量工艺示范图片

电缆防火封堵、盘柜防火封堵（一）、盘柜防火封堵（二）、电缆穿堵防火封堵、电缆沟防火封堵、阻火墙、电缆桥架穿墙封堵、电缆穿墙封堵示范图片分别见图 5-78～图 5-85。

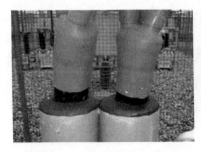

图 5-78　电缆防火封堵

图 5-79　盘柜防火封堵（一）

图 5-80 盘柜防火封堵（二）

图 5-81 电缆穿堵防火封堵

图 5-82 电缆沟防火封堵

图 5-83 阻火墙

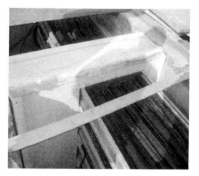

图 5-84 电缆桥架穿墙封堵

图 5-85 电缆穿墙封堵

第九节　全厂防雷及屋外接地网安装控制措施

一、相关强制性条文

《电气装置安装工程　接地装置施工及验收规范》（GB 50169—2006）

3.1.1　电气装置的下列金属部分，均应接地或接零：

1　电机、变压器、电器、携带式或移动式用电器具等的金属底座和外壳。

2　电气设备的传动装置。

3　屋内外配电装置的金属或钢筋混凝土构架以及靠近带电部分的金属遮栏和金属门。

4　配电、控制、保护用的屏（柜、箱）及操作台等的金属框架和底座。

5　交、直流电力电缆的接头盒、终端头和膨胀器的金属外壳和可触及的电缆金属护层和穿线的钢管。穿线钢管之间或钢管和电器设备之间有金属软管过渡的，应保证接地软管段接地畅通。

6　电缆桥架、支架和井架。

7　装有避雷线的电力线路杆塔。

8　装在配电线路杆上的电力设备。

9　在非沥青路面的居民区内，不接地、消弧线圈接地和高电阻接地系统中无避雷线的架空电力线路和金属杆塔及钢筋混凝土杆塔。

10　承载电气设备的构架和金属外壳。

11　发电机中性点柜外壳、发电机出线柜、封闭母线的外壳及其他裸露的金属部分。

12　气体绝缘全封闭组合电器（GIS）的外壳接地端子和箱式变电站的金属箱体。

13　电热设备的金属外壳。

14　铠装控制电缆的金属护层。

15　互感器的二次绕组。

3.1.4　接地线不应做其他用途。

3.2.5　除临时接地装置外，接地装置应采用热镀锌钢材，水平敷设可采用圆钢加扁钢，垂直敷设的可采用角钢和钢管。腐蚀比较严重的地区的接地装置，应适当加大截面，或采用阴极保护措施。

不得采用铝导体作为接地体或接地线。当采用扁铜带、钢绞线、铜棒、铜包钢、铜包钢绞线、钢镀铜、铝包铜等材料做接地装置时，其连接应符合本规范的规定。

3.2.9　不得利用蛇皮管、管道保温层的金属外皮或金属网、低压照明网络的导线铅皮以及电缆金属护层做接地线。蛇皮管两端应采用自固接头或软管接头，且两端应采用软铜线连接。

3.3.1　接地体顶面埋设深度应符合设计规定。当无规定时，不应小于0.6m。角钢、钢管、铜棒、铜管等接地体应垂直配置。除接地体外，接地体引出线的垂直部分和接地装置连接部位外侧100mm范围内应做防腐处理；在做防腐处理前，表面必须除锈并去掉焊接处残留的焊药。

3.3.3　接地线应采取防止发生机械损伤和化学腐蚀的措施。在与公路、铁路或管道等交叉及其他可能使接地线遭受损伤处，均应用钢管或角钢等加以保护。接地线在穿过墙壁、楼板和地坪处应加装钢管或其他坚固的保护套，有化学腐蚀的部位还应采取防腐措施。热镀锌钢材焊接时将破坏热镀锌防腐，应在焊痕外100mm内做防腐处理。

3.3.4　接地干线应在不同的两点及以上与接地网相连

接。自然接地体应在不同的两点及以上与接地干线或接地网相连接。

3.3.5 每个电气装置的接地应以单独的接地线与接地汇流排或接地干线相连接，严禁在一个接地线中串接几个需要接地的电气装置。重要设备和设备构架应有两根与主地网不同地点连接的接地引下线。且每根接地引下线均应符合热稳定及机械强度的要求，连接引线应便于定期进行检查测试。

3.3.11 当电缆穿过零序电流互感器时，电缆头的接地线应通过零序电流互感器后接地；由电缆头至穿过零序电流互感器的一段电缆金属护层和接地线应对地绝缘。

3.3.12 发电厂、变电站电气装置下列部位应专门敷设接地线直接与接地体或接地母线连接：

1 发电机机座或外壳、出线柜，中性点柜的金属底座和外壳；

2 封闭母线的外壳；

3 高压配电装置的金属外壳；

4 110kV及以上钢筋混凝土构件支座上电气设备金属外壳；

5 直接接地或经消弧线圈接地的变压器、旋转电机的中性点；

6 高压并联电抗器中性点所接消弧线圈、接地电抗器、电阻接地端子；

7 GIS接地端子；

8 避雷器、避雷针、避雷线等接地端子。

3.3.13 避雷器应用最短的接地线与主接地网连接。

3.3.14 全封闭组合电器的外壳应按制造厂规定接地；法兰片间应采用跨接线连接，并应保证良好的电气通路。

3.3.15 高压配电间隔和静止补偿装置的栅栏门铰链处应用软铜线连接，以保持良好接地。

3.3.16 高频感应电热装置的屏蔽网、滤波器、电源装置的金属屏蔽外壳。高频回路中外露导体和电气设备的所有屏蔽部分和与其连接的金属管道均应接地，并宜与接地干线连接。与高频滤波器相连的射频电缆应全程伴随 $100mm^2$ 以上的铜质接地线。

3.3.19 保护屏应装有接地端子。并用截面不小于 $4mm^2$ 的多股铜线和接地网直接连通。装设静态保护的保护屏，应装设连接控制电缆屏蔽层的专用接地铜排，各盘的专用接地铜排互相连接成环。与控制室的屏蔽接地网连接。用截面不小于 $100mm^2$ 的绝缘导线或电缆将屏蔽电网与一次接地网直接相连。

3.4.1 接地体（线）的连接应采用焊接，焊接必须牢固无虚焊。接至电气设备上的接地线，应用镀锌螺栓连接；有色金属接地线不能采用焊接时，可用螺栓连接、压接、热剂焊（放热焊接）方式连接。用螺栓连接时应设防松螺母或防松垫片。螺栓连接处的接触面应按现行国家标准《电气装置安装工程母线装置施工及验收规范》（GBJ 149）的规定处理。不同材料接地体间的连接应进行处理。

3.4.2 接地体（线）的焊接应采用搭接焊，其搭接长度必须符合下列规定：

1 扁钢为其宽度的 2 倍（且至少 3 个棱边焊接）；

2 圆钢为其直径的 6 倍；

3 圆钢与扁钢连接时，其长度为圆钢直径的 6 倍；

4 扁钢与钢管、扁钢与角钢焊接时，为了连接可靠，除应在其接触部位两侧进行焊接外，并应焊以由钢带弯成的弧形(或直角形）卡子或直接由钢带本身弯成弧形（或直角形）与钢管（或角钢）焊接。

3.4.3 接地体（线）为铜与铜或铜与钢的连接工艺采用热剂焊（放热焊接）时，其熔接接头必须符合下列规定：

1 被连接的导体必须完全包在接头里;

2 要保证连接部位的金属完全熔化,连接牢固;

3 热剂焊(放热焊接)接头的表面应平滑;

4 热剂焊(放热焊接)的接头应无贯穿性的气孔。

3.5.1 避雷针(线、带、网)的接地除应符合本章上述有关规定外,尚应遵守下列规定:

1 避雷针(带)与引下线之间的连接应采用焊接或热剂焊(放热焊接)。

2 避雷针(带)的引下线及接地装置使用的紧固件均应使用镀锌制品。当采用没有镀锌的地脚螺栓时应采取防腐措施。

3 建筑物上的防雷设施采用多根引下线时,应在各引下线距地面 1.5~1.8m 处设置断接卡,断接卡应加保护措施。

4 装有避雷针的金属筒体,当其厚度不小于 4mm 时,可作避雷针的引下线。筒体底部应至少有 2 处与接地体对称连接。

5 独立避雷针及其接地装置与道路或建筑物的出入口等的距离应大于 3m。当小于 3m 时,应采取均压措施或铺设卵石或沥青地面。

6 独立避雷针(线)应设置独立的集中接地装置。当有困难时,该接地装置可与接地网连接,但避雷针与主接地网的地下连接点至 35kV 及以下设备与主接地网的地下连接点,沿接地体的长度不得小于 15m。

7 独立避雷针的接地装置与接地网的地中距离不应小于 3m。

8 发电厂、变电站配电装置的架构或屋顶上的避雷针(含悬挂避雷线的构架)应在其附近装设集中接地装置,并与主接地网连接。

3.5.2 建筑物上的避雷针或防雷金属网应和建筑物顶部的其他金属物体连接成一个整体。

3.5.3 装有避雷针和避雷线的构架上的照明灯电源线。必须采用直埋于土壤中的带金属护层的电缆或穿入金属管的导线。电缆的金属护层或金属管必须接地，埋入土壤中的长度应在 10m 以上，方可与配电装置的接地网相连或与电源线、低压配电装置相连接。

3.5.5 避雷针（网、带）及其接地装置，应采取自下而上的施工程序。首先安装集中接地装置，后安装引下线，最后安装接闪器。

3.7.10 接地线与杆塔的连接应接触良好，可量接地电阻。

3.7.11 架空线路杆塔的每一腿都应与接地多点接地，以保证可靠性。

3.8.3 位于发电厂、变电站或开关站的通信站的接地装置应至少用 2 根规格不小于 40mm×4mm 的镀锌扁钢与厂、站的接地网均压相连。

3.8.8 连接两个变电站之间的导引电缆的屏蔽层必须在离变电站接地网边沿 50～100m 处可靠接地，以大地为通路，实施屏蔽层的两点接地。一般可在进变电站前的最后一个工井处实施导引电缆的屏蔽层接地。接地极的接地电阻 $R \leqslant 4\Omega$。

3.8.9 屏蔽电源电缆、屏蔽通信电缆和金属管道引入室内前应水平直埋 10m 以上，埋深应大于 0.6m，电缆屏蔽层和铁管两端接地，并在入口处接入接地装置。如不能埋入地中，至少应在金属管道室外部分沿长度均匀分布在两处接地，接地电阻应小于10Ω；在高土壤电阻率地区，每处的接地电阻不应大于30Ω，且应适当增加接地处数。

3.8.10 微波塔上同轴馈线金属外皮的上端及下端应分别就近与铁塔连接，在机房入口处与接地装置再连接一次；馈线较长时应在中间加一个与塔身的连接点；室外馈线桥始末两端均应和接地装置连接。

3.8.11 微波塔上的航标灯电源线应选用金属外皮电缆或将导线穿入金属管,金属外皮或金属管至少应在上下两端与塔身金属结构连接,进机房前应水平直埋 10m 以上,埋深应大于 0.6m。

3.9.1 110kV 及以上中性点有效接地系统单芯电缆的电缆终端金属护层,应通过接地开关直接与变电站接地装置连接。

3.9.4 110kV 以下三芯电缆的电缆终端金属护层应直接与变电站接地装置连接。

3.10.2 配电变压器等电气装置安装在由其供电的建筑物内的配电装置室时,其接地装置应与建筑物基础钢筋等相连。

3.10.3 引入配电装置室的每条架空线路安装的避雷器的接地线,应与配电装置室的接地装置连接,但在入地处应敷设集中接地装置。

3.11.3 接地装置的安装应符合以下要求:

1 接地极的形式、埋入深度及接地电阻值应符合设计要求;

2 穿过墙、地面、楼板等处应有足够坚固的机械保护措施;

3 接地装置的材质及结构应考虑腐蚀而引起的损伤,必要时采取措施,防止产生电腐蚀。

二、施工工艺流程

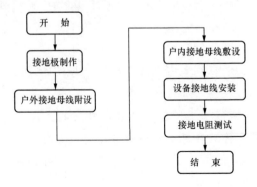

三、工艺质量控制措施

1. 全厂防雷及屋外接地网安装控制要点

基本要求：

（1）全厂防雷接地安装应按已批准的设计进行施工。

（2）采用的器材应符合设计和规程的规定，并应有合格证件。

（3）全厂防雷接地安装应配合建筑工程的施工，隐蔽部分必须在覆盖前做好中间检查及验收。主厂房屋内接地采用暗敷设方式。

2. 全厂屋外接地网安装控制要点

（1）主接地网埋深为 0.8m，穿越主要道路时，穿 PVC 管保护，并埋深 1.0m。

（2）垂直接地体、水平接地体的间距应符合设计规定。

（3）露出地面的接地体应用短而坚硬的 PVC 导管加以保护，所有的焊接处在焊接后必须做防腐处理。

（4）接地体敷设完后的土沟其回填土内不应夹有石块和建筑垃圾等，外取的土壤不得有较强的腐蚀性，在回填土时应分层夯实。

（5）本期主接地网接地电阻值应小于 0.5Ω。

3. 全厂防雷接地安装控制要点

（1）避雷针、线、带、网的接地安装应符合规程规定。

（2）建筑物上的避雷针或防雷金属网应和建筑物顶部的其他金属物体连接成一个整体。

（3）发电厂和 220kV 升压站的避雷线线档内不应有接头。

（4）避雷针、线、带、网及其接地装置，应采取自下而上的施工工序。首先安装集中接地装置，后安装接地引下线，最后安装接闪器。

4. 施工工艺说明及示例

（1）接地极采用 DN50 的镀锌钢管（长度为 2500mm），钢管一端用无齿锯或手锯锯成长 120mm 的坡口，同时用镀锌扁钢加工成长度为 400mm 的 Ω 形卡子，然后焊在距管口顶部 100mm 的位置。镀锌扁钢立放于沟中，与接地体上的 Ω 形卡子两端焊接起来。

（2）接地扁钢的焊接应采用搭接焊，焊接长度不小于扁钢宽度的 2 倍，至少 3 面焊接。全部焊缝应平整无间断，无咬边或焊透现象，引出线和镀锌扁钢的焊接部分应涂沥青防锈漆。

（3）明敷接地线支持件的间距在水平直线段应为 1.5m，转弯段应为 0.5m。接地线沿建筑物 3 墙壁水平敷设时，与地面距离要求为 300mm；接地线与建筑物墙壁间的间隙要求不大于 10mm。明敷接地线的表面应涂以用 100mm 宽度相等的绿色和黄色相间的条纹。

（4）同一系统中的电气设备严禁一部分接地，一部分接零。电力设备每个接地部分应该用单独的接地线与接地干线相连，严禁一个接地线中间串接几个接地设备。接地线应该接到设备的外壳上。

（5）每块控制保护盘的引出地线要与接地干线连接牢固。接地干线固定在绝缘子上，引出线与主接地网连接。

（6）接地端应有明显的接地标志。

设备接地工艺、明敷接地线工艺、盘柜接地连接工艺示范图片分别见图 5-86～图 5-88。

图 5-86　设备接地工艺

图 5-87 明敷接地线工艺

 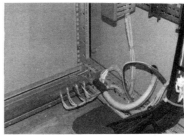

图 5-88 盘柜接地连接工艺

5. 主接地网敷设、焊接

（1）接地体埋设深度应符合设计要求，当设计无规定时，不宜小于 0.6m。

（2）主接地网的连接方式应符合设计要求，一般采用焊接（钢材采用电焊，铜排采用热熔焊）。焊接必须牢固、无虚焊。

（3）钢接地体的搭接应使用搭接焊，搭接长度和焊接方式应符合以下规定。

1）扁钢—扁钢：搭接长度扁钢为其宽度的 2 倍（且至少 3 个棱边焊接）。

2）圆钢—圆钢：搭接长度圆钢为其直径的 6 倍（接触部位两边焊接）。

3）扁钢—圆钢：搭接长度圆钢为其直径的 6 倍（接触部位两边焊接）。

4）在"十"字搭接处，应采取弥补搭接面不足的措施以满足上述要求。

5）裸铜绞线与铜排及铜接地体的焊接采用热熔焊方法。

四、工艺质量通病防治措施

工艺质量通病防治措施，见表 5-12。

表 5-12　　　　　　　　工艺质量通病防治措施

序号	类别	质量通病现象	原因分析	防治措施
1	防雷接地施工	接地极敷设深度不够	（1）施工人员责任心不强。（2）土质坚硬，施工难度大	（1）对施工人员进行交底，使其掌握规范要求。（2）使用机械配合接地极安装
2		回填土土质不合格	施工人员责任心不强	（1）对施工人员进行交底，使其掌握规范要求。（2）加强验收检查确保回填土质量
3		接地标识工艺差	施工人员责任心不强	（1）对施工人员进行培训，提高业务水平。（2）加强验收检查，努力提高施工工艺
4		接地线的搭接面不够	施工人员责任心不强	（1）对施工人员进行交底，使其掌握规范要求。（2）加强验收检查

五、质量工艺示范图片

双接地、设备接地、设备辅助接地、围栏接地、围栏门接地、构架爬梯接地、支撑管架接地、端子箱接地、接地标识示范图片分别见图 5-89～图 5-97。

图 5-89　双接地

图 5-90　设备接地

图 5-91　设备辅助接地

图 5-92　围栏接地

图 5-93　围栏门接地

图 5-94　构架爬梯接地

图 5-95　支撑管架接地

（a）

（b）

图 5-96　端子箱接地

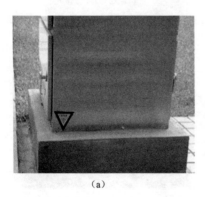

（a）

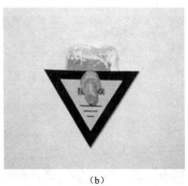

（b）

图 5-97　接地标识

第十节 二次回路接线控制措施

一、相关强制性条文

《电气装置安装工程 盘、柜及二次回路接线施工及验收规范》（GB 50171—2012）

> 4.0.6 成套柜的安装应符合下列规定:
> 1 机械闭锁、电气闭锁应动作准确、可靠。

二、施工工艺流程

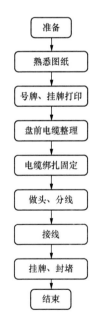

三、工艺质量控制措施

1. 二次回路接线控制要点

（1）按图施工，接线正确。

（2）导线无接头，无损伤，配线整齐美观，新有接头编号正确，字迹清晰不易褪色。

（3）每个端子压接一根导线，当需要压两根导线时，中间应加平垫片，不同截面的两根导线不得压在同一端子上。

（4）电流回路截面不应小于 2.5mm²，其他回路不得小于 1.5mm²。

（5）引入盘柜的电缆应排列整齐，电缆牌规范，编号清晰，避免交叉，固定牢固一致，端子不承受机械应力；铠装电缆入盘后将钢带切断、扎紧并接地。

（6）用于继电保护、控制等逻辑回路的电缆的屏蔽层，应按设计要求的接地方式接地，屏蔽层与接地引出线的连接必须用锡焊接。

（7）二次回路接线完毕，测绝缘时应有防止电子设备损坏的安全技术措施。

（8）采用内齿塑料管线号、冷压接头等新工艺、新材料，统一全厂配线工艺，达到美观可靠，提高配线准确率。要求每块盘挂牌施工，明确质量标准和施工人员，便于追溯和控制。

2. 安装说明

1）接线人员须经培训，考试合格后方可上岗。

2）确认是否已经具备接线条件，实地验证盘柜或设备是否安装完毕、电缆是否到位、照明设施是否齐全、接线场地整洁和宽敞。

3）人员分工，实施"专人、专柜、挂牌"接线法。

注：专人：指受过培训，且考试合格的某位施工人员。

专柜：指定的某盘、某台或某柜（包括就地接线盒、就地设备）。

挂牌：指专为跟踪、控制接线工艺质量而设计的接线标识牌。

4）电缆接线前，应及时在盘、台、柜、就地接线盒门背后的右上方贴上接线标识牌，就地设备应贴在不宜受损的醒目处，并用黑色记号笔填写。

（1）盘前电缆整理：

1）电缆头制作前，进盘前电缆（桥架水平段与盘之间的垂直段位置）由该盘接线人员负责整理，应对所有电缆进行合理的编扎，要求端子排布置的位置，以"从上到下、从内到外"为电缆编排原则，且符合盘内线束走向，并绑扎牢固。

2）当盘内电缆较多时，电缆固定可采用分层方式，第一层固定在柜体上，下一层固定在第一层的电缆上，以此类推。要求接较近端子的电缆布置在外层，接较远端子的电缆布置在内层。

3）盘内每层电缆要求每间隔 200mm 绑扎一次，并使用同一颜色的塑料绑扎线，分层固定时必须保证不同层次的电缆绑扎在同一截面上，绑扎应笔直、整齐、美观。

4）热缩管下料长度要求为 60mm，套入电缆的位置应以电缆破割点为基准。基准线上方（芯线处）为 25mm，基准线另一端为 35mm（以下简称大小头）。

5）队热缩管处理应采用电吹风均匀加热，加热时热缩套管不能移位。不得有过烤、欠烤现象，为防止积存空气，要求由热缩管中间向两端烤。

6）条件允许的前提下，也可以用冷缩管工艺。

7）电缆头的高度应尽量保持一致，且高于防火封堵层表面，同时要求电缆头低于盘内最低端子，如两者有矛盾，则应首先满足前者。

8）盘底 200mm 处应设置电缆头固定绑扎横档，电缆头固定时应将电缆大小头的大头部分紧贴横档进行绑扎。采用与电缆表面颜色相近的塑料扎带固定。有条件的盘柜内外两层电缆头之间距离统一要求为 200mm，也可以根据盘柜内空间的大小及电缆数量适当调整，但必须保证均匀、整齐、美观。

9）盘柜内电缆屏蔽层要求从电缆头下部背后引出，屏蔽电缆的总屏及对屏线的引出方式按照控制系统要求确定。电缆内有屏蔽铜线时，可穿入适当型号的同色塑料管引出；电缆内无屏蔽铜线时，在套热管前应用屏蔽铜线与屏蔽层焊接牢固，并选择适当型号的同色保护套软线引出，压线鼻子后接于盘柜内屏蔽层专用的接线柱上。

10）接线盒内的电缆屏蔽层要求从电缆头上部背后引出，接在接线盒内孔端子上。

（2）电缆标识牌的制作及挂设：标牌要求统一使用白色的PVC 电缆标识牌，规格为 70mm×25mm，并用专用打印机进行打印，要求字迹清晰、不易脱落，字体统一为黑色。每根电缆配一个标识牌，使用尼龙扎带或扎绳固定，同一排高度要求一致，一般固定高度为电缆头剥切位置向下 10mm。

（3）线号、分线、理线和绑扎：

1）线号套制作：

a．线号套尺寸应根据芯线截面选择。

b．线号套上应标明电缆标号、端子号、芯线号和电气回路号。线号套正面打印电缆编号，并打印端子号和线芯号。

c．线号套规定长度为 25mm，线号套打印时应注意两端的对称性，打印的字体大小适宜，字迹清晰。

d．芯线上线号的套入方向，应根据端子排的方向确定，当端子排垂直安装时，线号套上编号（字）应自左向右水平排列；当端子排水平安装时，线号套上编号（字）应自上而下排列。

2）分线和理线：

a．电缆线芯必须完全松散，并进行拉直，但不能损伤绝缘或线芯。

b．同一盘内的线束按垂直或水平有规律的排列，整齐美观，主线束与小线束分线处必须圆滑过渡，小线束与主线束绑扎后应保持 90°直角，外观保持整齐。

3）线束绑扎：

a. 线束绑扎的材料要求为塑料扎带，而且同一盘内的绑扎材料颜色应保持统一。

b. 盘柜内同一走向的电缆线芯应绑扎成一圆把，在每根电缆头上部 40mm 处进行第一道绑扎，以后主线束绑扎间距为 100mm，分线束间距为 50mm；分支处的两端、每芯分线处应绑扎；对同一位置的多束布置绑扎点基本保持在同一水平线上。经绑扎后的线束及分线束应做到横平、竖直、走向合理，保持整齐、美观。

c. 备用芯要求统一放置在端子排的终端。

4）线芯弯圈（鼻子压接）：芯线弧圈制作可视盘内线槽布置情况而定。线槽与端子过近的可以采用直接插入的接线法，线槽与端子较远的或者盘内没有设计线槽的必须采用弧圈接线法。

5）接线鼻子压接：

a. 多线股线芯要求采用接线鼻子方式；

b. 接线鼻子压接应使用专用压接工具，应将裸露线芯穿出压接区前端 1mm，并不得将绝缘层压住。压接好的线鼻子外不得出现松散的线芯。线鼻子压接前应先套上线号套，同时还要注意线号套的方向。

6）接线：每个接线端子的每侧接线不得超过 2 根，对于插接式端子，不同截面的两根导线不得接在同一端子上，对于螺栓连接的端子，当压接两根导线时，中间要加平垫。线芯与端子的固定必须牢固，接线应该接触良好，无松动现象。

四、工艺质量通病防治措施

工艺质量通病防治措施，见表 5-13。

表 5-13 工艺质量通病防治措施

序号	类别	质量通病现象	原因分析	防治措施
1	电缆二次接线	电缆交叉	电缆进盘前没有进行整理	电缆进盘前按照电缆的走向进行整理绑扎
2		工艺不美观	(1)施工人员能力差。(2)施工人员责任心不强	(1)对施工人员进行交底，使其掌握规范要求。(2)加强验收检查，并组织对接线人员进行培训，提高业务水平
3		接线错误	(1)施工人员施工错误(2)图纸错误	(1)对施工人员进行培训，提高业务水平。(2)加强图纸会审，提高图纸正确性

五、质量工艺示范图片

进盘前电缆绑扎工艺，电缆分层固定、距离均匀，热缩管施工工艺，电缆头高度一致，盘柜内接线绑扎，电缆牌布置工艺，二次电缆接线及端子标识工艺，电缆头制作、绑扎工艺，电缆屏蔽接地工艺，电缆线号头安装工艺示范图片分别见图 5-98～图 5-107。

图 5-98　进盘前电缆绑扎工艺　　图 5-99　电缆分层固定、距离均匀

图 5-100 热缩管施工工艺

图 5-101 电缆头高度一致

图 5-102 盘柜内接线绑扎

图 5-103 电缆牌布置工艺

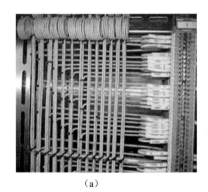

（a）

（b）

图 5-104 二次电缆接线及端子标识工艺（一）

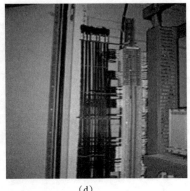

（c）

（d）

图 5-104　二次电缆接线及端子标识工艺（二）

（a）

（b）

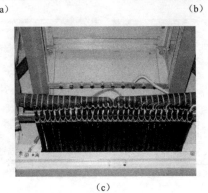

（c）

图 5-105　电缆头制作、绑扎工艺

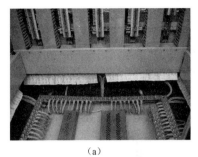

（a）

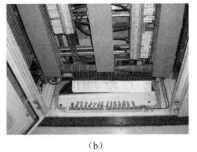

（b）

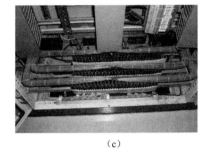

（c）

图 5-106 电缆屏蔽接地工艺

图 5-107 电缆线号头安装工艺

第六章

热 控 部 分

第一节 取源部件及敏感元件安装工艺策划

一、相关强制性条文

《电力建设施工质量验收及评价规程 第4部分：热工仪表及控制装置》（DL/T 5210.4—2009）

> 表4.2.13 分部工程强制性条文执行情况检查表中的部分内容：
>
> 1 合金钢部件和管材在安装及修理改造使用时，组装前后都应进行光谱或其他方法的检验，核对钢种，防止错用。
>
> 2 弹簧压力表有下列情况之一者，禁止使用：有限止钉的压力表，无压力时指针移动后不能回到限止钉时；无限止钉的压力表，无压力时指针离零位的数值超过压力表允许的误差量；表面玻璃破碎或表面刻度模糊不清；封印损坏或超过校验有效期限；表内泄漏或指针跳动；其他影响正确指示压力的缺陷。
>
> 3 汽轮机组保护装置的各种表计和电磁传感元件安装前应经热工仪表专业人员检查合格。
>
> 4 对于超速监测保护、振动监测保护、轴向位移监测保护

等电子保护装置，应配合热工人员装好发送元件，做到测点位置正确，试验动作数字准确，并将引线妥善引至机外。

二、施工工艺流程

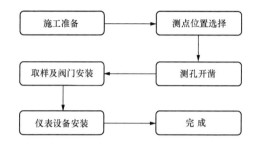

三、工艺质量控制措施

（1）取源部件及敏感元件应设置在能真实反应被测介质参数。

（2）对中、高压的压力，流量，成分分析取源部件，应加装焊接取源短管。

四、工艺质量通病防治措施

1. 质量通病

（1）取样：开孔少取或多取。

（2）焊口有漏点。

（3）成排变送器、液位开关、一次阀门等设备安装不协调、美观。

（4）锅炉壁温块安装不牢固，脱落。

（5）执行机构与被控对象的动作行程不一致。

2. 取样位置的选择

（1）仔细审阅系统图，统计取样点的数量、规格。四大管道的取样点，须与机务管道轴测图核对，并确定每个测点的具体位置及方向。确保所有取样应无多取、漏取点。

（2）取源部件及敏感元件应设置在能真实反应被测介质参数，便于维护检修且不易受机械损伤的工艺设备或工艺管道上。取源部件及敏感元件不应设在人孔、看火孔、防爆门及排污门附近；不应在焊缝及其边缘上开孔与焊接（必须符合热工施工技术规范要求）。

（3）测量、保护与自动控制用仪表的测点不应合用一个测孔。

（4）蒸汽管的监察管段上严禁开凿测孔和安装取源部件。

3. 取样开孔

（1）测孔开凿、插座安装。所有气、汽、水、油管道上的测孔均采用电钻开孔；烟风道上开孔可采用氧气乙炔焰切割。油系统的取样插座安装应在管路酸洗之前进行，并将管道内部铁屑及毛刺处理干净。参加水压的取源部件安装应在水压之前进行，取源部件参加水压试验。锅炉水压应到二次门。

（2）机械开孔时，要先用冲头在测孔的中心打一冲头记，防止开孔时钻头滑脱，用与插座内径相符的钻头进行开孔，开孔时钻头应与本体表面垂直，孔刚钻透，即移去钻头，将挂在孔壁上的铁屑取出，用半圆锉或圆锉修去测孔四周毛刺。开孔后要及时采取临时封堵，以免进去杂物（见图 6-1）。

图 6-1　取样口临时封堵

4. 取源阀门的安装

（1）阀门的安装位置应便于操作、维护，进出口方向正确。合金阀门的焊接应委托焊接专业做热处理，合金阀门及钢插座安装前应进行光谱分析，并有分析报告。

（2）一次门应做严密性试验，用 1.25 倍工作压力进行水压试验，5min 内无渗漏现象，必要时要解体研磨。如有特殊情况应上报监理、业主协调解决。

（3）安装阀门时，应按照阀体标注的介质流向安装（介质的流向应由阀芯下部导向阀芯上部）不得装反。

（4）安装取源阀门，其阀杆应处在水平线以上的位置，以便于操作和维护；阀门的法兰或接头等应露出保温层外。

（5）取源阀门较轻较小的可直接焊在其加强接管座上；对于较大较重的阀门应用支架固定在取样管道上，此时连接管路上应有 U 形或 S 形膨胀弯。

（6）阀门的安装步骤：首先与加强接管座对口然后点焊、校正、施焊。严格按照阀门厂家的要求进行安装（有些阀门厂家要求焊接时阀门处于全开状态）（见图 6-2）。

5. 取源插座的安装

（1）取源部件插座和接管座的材质要求和工艺管道材质相同。

（2）插座安装步骤为找正、点焊、复查垂直度、施焊，焊接过程中禁止摇动焊件；合金钢插件焊接，焊前应进行预热，焊后进行热处理，确保焊接质量。

图 6-2　一次阀门安装

（3）插座焊接或热处理后，必须检查其内部，不应有焊瘤存在；测温元件插座焊接时应有防止焊渣划伤丝扣的措施。

（4）焊接前应把坡口及测孔的周围用锉或砂布打磨出金属光泽，并清除测孔内边毛刺。

图 6-3　插座的安装

（5）测温元件插座和压力取样装置应有足够的长度使其端部能露出在保温部分外面。

（6）插座焊接完毕，插座口应采取临时封闭措施，以免异物进入（见图 6-3）。

（7）温度插座的高度由插入深度及管道壁厚确定，表 6-1 为测温元件插入深度的要求。

表 6-1　　　　　　　　　　测温元件插入深度

测温元件种类	被测介质	管道直径	插入深度
热电偶、热电阻温度计	高温高压蒸汽介质	$D \leqslant 250mm$	70mm
	高温高压蒸汽介质	$D > 250mm$	100mm
	汽、气、液体介质	$D \leqslant 500mm$	管道外径的 1/2
	汽、气、液体介质	$D > 500mm$	300mm
	烟、风、煤粉介质	—	管道外径的 1/2~1/3
双金属、回油温度计	液体	—	全部侵入被测介质中

6. 温度元件的安装

（1）测温元件安装前检定。检查测温元件的型号、规格应符合设计，绝缘电阻测试合格，经合格检定仪器检定，并出示检定报告。

（2）热套式热偶的安装要将热套管座焊接在插座上，使热套三角锥正好位于管壁中间位置，防止汽流冲击力造成的摆动，焊接要由合格焊工施焊，焊后应进行热处理（主要是高温、高压的焊接式保护套管温度计）。

（3）烟、风、粉等测温插座采用法兰连接方式，安装可拆卸的保护罩，以防元件磨损。

（4）中低压管道采用螺纹固定的测温元件，安装前检查插座丝扣和清除内部氧化层，在丝扣上涂擦防锈或防卡涩的涂料，测温元件与插座之间加垫后接触紧密。垫片的选择要求见表 6-2。

表 6-2　　　　　　　　　　选择垫片的参数

垫片材质	工作介质	介质最大工作压力（MPa）	最高温度（℃）
1Cr13 合金钢	汽、水	不限	550
1Cr18Ni9Ti	汽	不限	600

垫片材质	工作介质	介质最大工作压力（MPa）	最高温度（℃）
紫铜（退火后）	水、油	10	250
紫铜（退火后）	汽	6.4	425

（5）铠装热电偶安装。

1）按照厂家和设计院图纸将测量端的集热块焊接在管壁上，焊前应将焊接部分打磨干净，对于合金管材质焊接前后要热处理。集热块安装时热电偶插孔应朝下，防止热膨胀造成热电偶从测量孔中脱出［锅炉厂供货的热电偶测量端和集热块为一体的，只需将测量端的集热块焊在管道预留的集热板上即可，不需做以下叙述的第（3）项］。

2）安装前检查外观，无明显伤痕、缺陷；绝缘检查良好，均大于 $1000M\Omega \cdot m$。

3）安装时将测量端插入集热块的预留孔，用螺丝刀将集热块上的顶丝拧紧。

4）铠装热电偶安装完毕后应有防护措施，以避免外界交叉作业造成热电偶的损伤。

5）锅炉壁温安装要尽量集中布置，统一规划，做好二次设计，原则是要检修方面、布置美观（见图6-4）。

（6）汽缸壁温热电偶安装。缸体金属温度基本分布在高压缸和中压缸上。而高、中压缸均为内外缸，在测量内缸的金属温度时，都是由外缸通过保护套管，引进热电偶进行测量。核查汽轮机本体热偶保护套管图纸、清册，

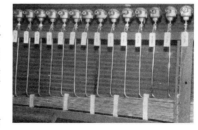

图6-4　热电偶布置

对保护套的材质进行光谱分析，并做记录。在内外缸试扣时要核对外缸测孔与内缸测点是否同心，内外缸测点处金属表面要进行除锈处理。测温元件正式安装时，护套端的压紧弹簧和压紧螺钉一定要使感温元件与金属壁接触良好。

（7）汽轮机轴瓦温度计安装。汽轮机的各支持轴瓦和推力瓦安装的测温元件设计为微型热电阻元件。先用丙酮和酒精对预留好的测孔进行清洗。把微型热电阻插入测孔，使热端紧抵在瓦底。引出线在绕过棱角的地方应穿上聚氯乙烯塑料套管进行绝缘防护，套管规格为$\phi6mm\times0.5mm$，引出线沿着轴瓦的边缘用固定卡将导线固定，引出轴承出线孔热电阻安装完毕后用万用表进行测量确保其完好无损（见图6-5）。

（8）抽汽及蒸汽温度元件安装。测量汽轮机本体蒸汽温度和抽汽蒸汽温度，热偶的形式有热套式热偶，铠装热电偶和保护套管，对于在高压缸上测量蒸汽的温度测点采用保护套与外缸焊接固定，焊接前对保护套管进行光谱分析，然后选择焊条，焊前要进行预处理（见图6-6）。

图6-5　轴瓦温度计安装　　　　图6-6　蒸汽温度计安装

7. 流量检测元件安装

流量检测元件安装见图6-7。

（1）检查节流装置的外观应光洁、平整，规格型号符合设计要求；孔板入口侧、喷嘴出口侧边缘锐角应尖锐。

（2）对于孔板圆柱形锐边应迎向介质流动方向安装，对于喷嘴曲口大面应迎着介质流动方向安装。

（3）安装蒸汽流量取样时，在取样管上装冷凝器，正负压侧冷凝器高度一致，高度偏差不大于2mm。

图 6-7　流量检测元件安装

（4）节流件的上、下游安装温度计时，温度计与节流件间的直管段距离应符合下列规定：

1）温度计安装在节流件上游时，温度元件保护套管直径小于或等于 $0.03D$（D 为母管直径），不小于 $5D$；温度元件保护套管直径为（$0.03\sim0.13$）D 时，不小于 $20D$。

2）温度计安装在节流件下游时不小于 $5D$。

8. 物位、液位的安装

（1）平衡容器安装前检查平衡容器的外形尺寸及技术参数应满足设计要求，平衡容器外观应无沙眼、重皮、裂纹。

（2）差压式液位取样的正压侧安装单室平衡容器，正负压的液位取样点要能保证全部量程在此之间。

（3）差压式液位取源装置的阀门应安装在设备与平衡容器之间，汽侧、水侧导压管截止门前后的管路应水平安装，截止门阀门杆应水平安装，平衡容器垂直安装。

（4）平衡容器安装时，应考虑阀门、管路与热力设备热膨胀问题并采取必要的措施，防止因膨胀位移而损坏设备。

（5）平衡容器的汽侧及连接管路和阀门不应保温，蒸汽不易凝结成水的平衡容器最好增设补水装置或灌水丝堵。

（6）测量蒸汽及水、油的差压时，仪表一般安装的位置要低于取样装置。

（7）测量烟风的差压时，测量仪表安装在高于取样位置。当仪表低于取样时,在测量管进入仪表前应加装捕水器,防止被测介质的凝结水造成测量误差。

(8)测量真空度时,仪表或变送器安装在高于取源部件之上。

(9)超声波液位计安装时主要检查声波探头范围内是否有障碍物,防止造成测量误差。

(10)内浮筒液位计及浮球液位计采用导向管时,导向管必须垂直安装。导向管和下挡圈均应固定牢靠,并使浮筒位置限制在所检测的量程内。

9. 变送器安装

(1)变送器安装位置的选择。变送器的安装位置尽量靠近测点,使测量管路尽量短,安装时可根据各测点的位置和设计图纸的要求合理设计布置图,重点考虑变送器集中布置。

(2)测量蒸汽和水的压力、流量的变送器应安装在取样的下方,测量凝汽器真空及烟气压力、流量变送器一般安装在测点的上方。当测量烟气压力、流量的变送器只能安装在测点下方时,在引入变送器测量膜室前,应安装捕水器。

(3)支架安装。当变送器支架安装在水泥地面上时,要提前做好预埋,同时要做好接地安装。支架高度一般在 $1\sim1.5\text{m}$ 之间,在钢结构上可直接安装支架。

(4)变送器安装。当施工现场具备安装条件后,可进行变送器的安装,安装时使用变送器厂家提供的固定板和 U 形卡子,把变送器安装在固定架上,安装和紧固过程中不可使变送器受力,禁止扭动变送器膜室上部的转换器。在保护箱内安装时要便于配管、接线、维修。

(5)变送器安装达到的标准。变送器支架安装水平,变送器固定牢固。安装高度便于数据读取,安装位置便于脉冲管路的连接、电气连接且易于维护和检修(见图 6-8)。

10. 机械量测量探头安装

（1）机械量测量探头安装的通用方法和规定。

图 6-8　变送器安装

1）清洗探头支架及其安装附件、安装螺孔的油污和杂物。

2）检查探头支架安装附件数量是否齐全，支架与探头螺纹应匹配且支架强度符合制造厂家规定。

3）测量支架上的安装螺孔重新攻丝，探头螺纹与螺孔接触良好，拧动时无卡涩现象。

4）按照厂家图纸所示位置在油循环前进行探头支架安装，支架应固定牢固并将固定螺钉加装止动锁片。

5）发电机、励磁机传感器及附件的安装不得破坏发电机和励磁机与地的绝缘。

6）核对探头的型号规格应符合设计，外观无残损，用 500V 绝缘电阻表测量绝缘电阻不小于 5MΩ。

7）用塞尺测量间隙时，要注意不能把塞尺强行插入间隙，否则可能在转子精加工的平面上造成刮痕，从而影响探头测量的精确性。

8）探头安装完毕、锁紧防松锁母后，应复查间隙或间隙电压。

（2）振动探头的安装。

1）振动探头为非接触型，具体安装时，将振动探头与转轴应垂直然后慢慢旋进探头支架，并将探头上的电缆一起跟随探头转动。根据图纸标明的间隙尺寸要求，用塞尺测量确认振动探头端面至轴面的间隙符合制造厂规定。关键是要做好记录。

2）与探头连接采用插头形式，连接需牢固，延伸电缆为高频电缆，高频电缆、探头与前置器应是一一对应的。

（3）转速探头的安装。

1)将探头慢慢旋进探头支架的螺孔内,根据厂家规定的间隙,用塞尺测量,确认探头与转子的间隙符合要求后,用锁紧螺母将探头牢固地固定在测量架上。

2)连接转速探头专用的延伸电缆,航空插座连接须紧固,并用热缩套管套好固定。

(4)偏心和键相探头安装。

1)安装时将探头慢慢旋入支架,其与转子的间隙应符合制造厂要求,用塞尺测量确认后,用锁紧螺母将指示表固定在支架上。键相传感器安装应正对着凹槽的转轴面,严禁将探头插进键相凹槽内(见图6-9)。

2)偏心探头应垂直安装,并正对转轴顶点,用塞尺测量间隙,其与转子的间隙应符合制造厂要求并做好记录。

(5)轴向位移、胀差测量装置的安装。

图6-9 转速探头安装

1)安装轴向位移探头必须在汽轮机冷态下,且转子与固定部分无温差时,推力盘紧靠工作面或非工作面后才能进行安装定位。

2)将轴向位移传感器探头慢慢旋进支架,根据厂家的间隙要求用塞尺测量确认后,用锁紧螺母将探头牢固地固定在探头支架上并加装止动锁片,塞尺测量进行确认探头的机械位置。

3)胀差安装时将推力盘靠足工作面,逐步调整传感器,使输出电压和要求的零位电压一致,锁紧固定螺钉(见图6-10)。

图6-10 胀差安装

4)延伸电缆从轴承箱穿出时,应做合适的固定,以免碰到转动部分,或受到碰撞造成电缆损坏，出轴承箱应通过专用的孔穿过，并用密封塞塞好。

（6）LVDT 行程传感器的安装。

1）检查固定支架应无明显变形，螺钉、螺母等配件齐全，支架及支架安装位置螺纹无损坏，测量杆铁芯随着阀杆上下移动轨迹与 LVDT 传感器中心应一致。

2）将 LVDT 固定在铁板上保证 LVDT 铁芯与调门阀杆垂直后，固定铁板。

3）固定 LVDT 的连接件且连接件用螺钉连接，必须用双螺母锁紧并用螺纹锁固剂以增强固定的可靠性。

（7）执行机构的安装。执行机构是热力过程自动化的重要执行部件。安装时要考虑受控部件热膨胀及执行器与受控件连接处行程空隙等诸多因素，当热机专业已经安装完受控的阀门、挡板、调节门后，即可安装执行器。

1）安装位置的选择。

a. 执行机构一般安装在调节机构的附近，不得有碍通行和调节机构的检修，并应便于操作和维护。

b. 由于受控的阀门、挡板调整门有些安装在热力管道、风道、烟道上，热力管道、风道、烟道受热时会发生膨胀、位移，因此在热力管道上安装执行器应考虑执行器支座直接生根在烟风（热风）道上，执行器可用连杆与风门、挡板连接，这样执行器可随热风道及烟道同步位移，对控制无影响。

c. 1、2 号标段选择位置的时候要对称，因此在机务安装阀门的时候，热工专业要进行关注，确保位置对称、美观。

2）执行机构底座制作安装。

a. 根据施工图纸和设备厂家说明书的要求，选择相应厚度的钢板，加工成与设备相适应底板，然后根据设备底座固定螺栓孔的位置开孔，所开孔直径大于固定螺栓 1mm，用于固定执行器底座的底板相应也要开四个孔，开孔直径略大于地脚螺栓。

b．执行机构底座一般用Δ=15mm 钢板、12 号槽钢进行制作；钢板的具体加工图纸必须按照现场执行机构底座的尺寸和孔位置确定。

c．执行器底座一般高 600～900mm，高度以安装完后便于操作和检修为原则。

d．在地面上安装的执行器用混凝土浇筑预埋件的方法固定底座，在楼板上安装要求打透眼固定夹板后焊接牢固。

e．在钢平台或烟、风道上安装执行器时，要在平台下、烟风道上加装钢梁以增加牢固性。

3）执行机构安装后的检查。

a．执行机构和调节机构的转臂应在同一平面内动作，执行机构和调节机构在 1/2 开度时，转臂与连杆近似垂直。

b．执行机构和调节机构连接后，应使执行机构操作手轮顺时针关小，逆时针开大，如不符，则应在执行机构的手轮上标明开关方向。

c．检查拉杆各连接关节，不能有松动现象，但亦不可太紧而造成执行机构卡涩。锁紧锁母，轴销与轴销孔配合适当，以保证良好的调节效果。

五、质量工艺示范图片

压力变送器安装、锅炉热电偶安装、加热器液位开关安装、一次阀门安装示范图片分别见图 6-11～图 6-14。

图 6-11　压力变送器安装

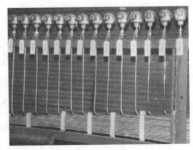

图 6-12　锅炉热电偶安装

图 6-13 加热器液位开关安装　　　　　图 6-14 一次阀门安装

第二节 热工仪表管安装工艺策划

一、相关强制性条文

暂无相关强制性条文。

二、施工工艺流程

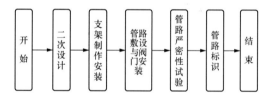

三、工艺质量控制措施

（1）导管在安装前应核对钢号、尺寸，并进行外观检查和内部吹扫清洗。

（2）但对于蒸汽测量管路，不应太短（不少于 3m），以保证蒸汽的充分凝结。

（3）金属管子的弯制宜采用冷弯法子。

（4）管路敷设时，应考虑主设备的热膨胀，若必须在膨胀体上装设取源装置，其引出管需有补偿段。

（5）管路敷设完毕后，应做严密性检查，合格后，表面涂刷防锈漆。

四、工艺质量通病防治措施

1. 质量通病

（1）仪表管跑、冒、滴、漏、堵塞。

（2）仪表管坡度控制不符合有关规范要求。

（3）仪表管不同材质混用。

（4）仪表管支吊架间距太大。

（5）仪表管集中布置工艺不美观。

2. 施工要点及预防措施

（1）仪表管路敷设前，技术人员应根据施工现场实际情况，对仪表管路敷设进行二次设计，线路应是最短，弯头最少，并且应安装在便于检修、操作，不易损伤、受潮等地方，排出每个仪表箱内的设备布置并确定安装位置，绘制出仪表管路的详细走向图，并经技术负责人及施工班组初步讨论，确认切实可行，管路的路径选择应符合测量要求。

（2）管路敷设应尽量集中布置，其线路一般应与主体结构相平行而不影响主体设备的安装、检修。

3. 仪表管路外观质量检查

（1）施工前应对仪表管路进行外观质量检查，管子内外表面应光滑、清洁、不应有针孔、裂纹、锈蚀等现象。

（2）仪表管路在使用前应进行污物、杂质的清洁，并将管口临时封闭。

4. 管路支架施工

（1）支架制作应符合规范设计要求，选材应符合要求。支架不能用火焊切割、开孔，必须用切割机切割和电钻开孔。支吊架采用∟40×4 或∟50×5 的角钢、花角钢制作。支吊架制作应尽量保持风格一致，这样能够保证整体美观。

（2）支架安装、焊接应牢固可靠、美观、整齐，尺寸偏差不得超出规范要求，并符合仪表管坡度的要求。

仪表管安装示范图片见图 6-15、图 6-16。

图 6-15　仪表管安装（一）　　　图 6-16　仪表管安装（二）

（3）管路支架的间距应均匀，各类管子所用的支架距离见表 6-3。

表 6-3　　　　　　　　　各类管子所用的支架距离

类型	水平敷设	垂直敷设
无缝钢管	1～1.5m	1.5～2m
铜管、塑料管	0.5～0.7m	0.7～1m

（4）仪表管支架不允许焊在高温高压容器、合金钢管遭及需要拆卸的设备结构上，也不允许在设备或管道的弹簧支吊架上。必须在上列设备构件上固定时，可采用抱箍的方法来固定支架。在有保温层的主设备（如炉烟道或风道）上敷设管道时，其支架高度应使导管敷设在保温层以外。

5. 仪表管切断和下料的要求

管子切断后，切口应平整，不得有裂纹、重皮、毛刺、凹凸、缩口、氧化铁和铁屑等杂质存在。

6. 仪表管的弯制

（1）仪表管（金属）的弯制必须采用冷弯，弯曲半径不得少于 3D，通常是（4～6）D，弯曲断面椭圆度不大于 10%。

（2）对于塑料管应不小于其外径的 4.5 倍。管子弯曲后，应无裂缝凹坑，弯曲断面的椭圆度不大于 10%。

7. 仪表管路敷设的要求

（1）管路应按二次设计的位置敷设，应整齐、美观，宜减少交叉和拐弯，如需交叉应在隐蔽处进行。不应敷设在有碍检修、易受机械损伤、腐蚀和有较大振动处。

（2）同一排管接头必须根据现场情况以统一图案布置，要求采用一字形或 V 字形图案。

（3）管路沿水平敷设时应有一定的坡度，差压管路应大于 1:12，其他管路应大于 1:100，管路倾斜方向应能保证排除气体和凝结液体，否则，应在管路的最高或最低点装设排气或排水阀。

仪表管接头示范图片见图 6-17、图 6-18。

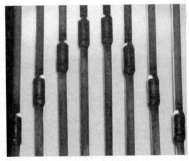

图 6-17　仪表管接头（一）　　　　图 6-18　仪表接头管（二）

（4）炉风压管路及汽轮机真空、氢气等气体测量管路敷设坡度及倾斜方向主要应考虑管内的凝结液能自动排回主管道或设备内，因此测量仪表（变送器）的安装位置一般应高于测点，即管路向上敷设。如果仪表低于测点，则需在最低点加装排液门。但对炉膛负压、汽轮机真空等重要参数的测量，仪表安装位置高于测点，不允许加装排液门。测量气体的管道，无论是向上还是向下敷设，由取源装置引出时，先向上引出高度不小于6mm，连接头的内径不应小于管路内径，以保证环境温度变化析出的水分和尘埃能沿这段垂直管段返回主设备,减少表管积水和避免堵塞（见图6-19）。

（5）管路敷设在地下及穿越平台或墙壁时应加保护管（罩）。

（6）仪表管取样膨胀弯必须符合设计要求，布置合理，取样段和水平段的坡度必须符合规范，二次门后缓冲圈尺寸和布置必须统一。仪表管路应尽量避免敷设在膨胀体上，在膨胀体上安装取源装置时应安装膨胀弯（见图6-20）。

 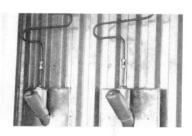

图6-19　仪表管路预留坡度　　　图6-20　仪表管膨胀弯

8. 仪表管的连接

（1）仪表管需要分支时，应采用与仪表管相同材质的三通，禁止在仪表管上接开孔焊接（见图6-21）。

（2）仪表管连接方式应符合设计规定，若无设计规定两仪表管之间的连接应选用套管接件焊接方式，套管接件内径应与仪表管外径相符，并采用全氩弧焊焊接方式。对接仪表焊接必须要充氩。

图6-21　仪表管三通接头

9. 排污管的布置

（1）排污管位置应选择在仪表盘、箱下面或在靠平台底下。

（2）集中布置的仪表排污管应用排污母管布置，母管开孔应保证不会溅水、汽伤人，位置应在便于维护、检修、观察的地方，单个仪表的排污应有漏斗（见图 6-22、图 6-23）。

图 6-22　仪表管集中布置

图 6-23　排污管集中布置

（3）排污阀门下应装有排水槽或排水管并引到地沟，排水管坡度应大于 1:20（见图 6-24）。

图 6-24　排污阀门布置

10. 仪表管路固定

（1）仪表管的固定要采用能拆卸的卡子，管卡必须与管径匹配且固定牢固，常用 5×20 镀锌螺钉将导管固定在支架上。若成排敷设，两管的间距就应均匀且保证两管中心距离为 2D（D 为导管外径）。有膨胀弯及膨胀弯以前的导管（取源装置引出管）应处于自由状态，固定点应放在膨胀弯之后（见图 6-25）。

（2）管卡的形式和尺寸根据仪表管的直径来决定，一般要求采用单孔双管卡、单孔单管卡、双孔单管卡、U 形管卡（ϕ20 以上）（见如 6-25）。

（3）仪表管排列整齐间距一致，仪表管与管卡结合处用不锈钢带隔离，防止振动摩擦损坏管路（见图 6-26）。

图 6-25 仪表管管卡固定

图 6-26 仪表管固定不锈钢垫片隔离

11. 管路严密性实验

（1）所有与锅炉水压有关的压力、流量、水位、分析等取源部件安装（包括机侧与水压有关的压力温度测点）可根据现场实际情况，把仪表管敷设至二次门，最低限度敷设至一次门。

（2）其他管路严密性实验 按照《电力建设施工技术规范 第5部分：管道及系统》（DL 5190.5—2012）执行。

五、质量工艺示范图片

仪表管弯曲半径美观、仪表管集中布置、仪表管间距均匀、仪表管布置成 V 形示范图片分别见图 6-27～图 6-30。

图 6-27 仪表管弯曲半径美观

图 6-28 仪表管集中布置

图 6-29　仪表管间距均匀　　　　图 6-30　仪表管布置成 V 形

第三节　电缆桥架安装工艺策划

一、相关强制性条文

暂无相关强制性条文。

二、施工工艺流程

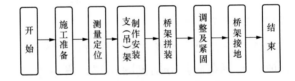

开始 → 施工准备 → 测量定位 → 支（吊）架制作安装 → 桥架拼装 → 调整及紧固 → 桥架接地 → 结束

三、工艺质量控制措施

（1）支吊架安装完工后，在横档上应按施工图要求进行桥架的拼装，安装前必须对变形的桥架进行调直，并进行毛刺及污蚀等处理，桥架材料的切割必须用专用切割工具进行。切割后，用角向磨光机除去切割表面的毛刺。

（2）桥架拼装要求横平竖直、无变形、外表镀层无损伤脱落，相邻桥架板的连接应用螺栓固定，连接螺栓的螺母应放置在外侧，双侧平垫圈及弹簧垫圈不得漏装、反装。连接必须坚固，无漏紧、漏装现象。

（3）桥架的伸缩缝应符合设计要求，如设计无要求，直线段钢制托架总长度超过 30m，铝合金或玻璃钢制托架大于 15m 时，应有伸缩缝，其连接应采用伸缩连接板。电缆桥架跨越建筑物伸缩缝处应设置伸缩缝。

（4）电缆桥架转弯处的转弯半径，不应小于该桥架上敷设电缆的最小允许弯曲半径中的最大值。

四、工艺质量通病防治措施

1. 总体布局要求

（1）安装前认真核对机务图纸，建筑图纸，确定电缆敷设路径，避免与机务管道设备碰撞，或者与热力管道、油管道靠太近，违反热工施工技术规范要求，从而避免不必要的返工。

（2）定位时应保证桥架与其他设备和墙体不发生冲突。当预留孔洞不合适时，应及时调整，并做好修补。

2. 支（吊）架制作安装

（1）对于变形的立柱在安装前，必须进行调直校正。立柱下料时误差应在 2mm 范围内。

（2）立柱下料不得用电焊、火焊切割，下料后的立柱需用磨光机或锉刀打磨掉切口处的卷边、毛刺。

（3）支架安装要求牢固、横平竖直；相邻托架连接平滑，无起拱、塌腰现象，支架应无扭曲变形现象，外表镀层无损伤脱落（见图 6-31）。

（4）支吊架间的距离设计无要求时应小于 1.5m，装阻燃槽盒处的支吊架间距应小于 1.6m，保证每节桥架或槽盒有两个支架支撑（见图 6-32）。

（5）电缆支架的层间允许最小距离应符合国家有关规程规范的要求。

（6）水平走向桥架安装在钢结构厂房内时，可把支架直接焊接到钢结构或辅助梁上，支架应焊接牢固，无显著的变形扭曲，各横撑间的垂直净距与设计偏差应小于5mm，在焊接过程中还应对已防腐的电缆支架采取隔离保护，防止焊渣飞溅损坏支架防腐层。

图6-31　支架立柱校正

图6-32　支架间距均匀

（7）同层桥架横档偏差每米不超过2mm。高低偏差不应小于5mm，托架支吊架沿桥架走向左右偏差不应小于 10mm（见图6-33）。

图6-33　托架安装

6-34～图6-37。

五、质量工艺示范图片

桥架夹层间距均匀、桥架对称安装、桥架托盘安装、桥架托臂高度一致示范图片分别见图

图6-34　桥架夹层间距均匀

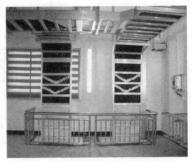

图6-35　桥架对称安装

图 6-36　桥架托盘安装　　　图 6-37　桥架托臂高度一致

第四节　电缆敷设工艺策划

一、相关强制性条文

《电力建设施工质量验收及评价规程　第 4 部分：热工仪表及控制装置》（DL/T 5210.4—2009）

> 表 4.2.13 分部工程强制性条文执行情况检查表中的部分内容：
>
> 5　电缆及热力管道、热力设备之间的净距，平行时不应小于 1m，交叉时不应小于 0.5m，当受条件限制时，应采取隔热保护措施。电缆通道应避开锅炉的看火孔和制粉系统的防爆门；当受条件限制时，应采取穿管或封闭槽盒等隔热防火措施。电缆不宜平行敷设于热力设备和热力管道的上部。
>
> 6　严禁将电缆平行敷设于管道的上方或下方。特殊情况应按下列规定执行：电缆与热管道（沟）、热力设备或其他管道（沟）、可燃气体及易燃液体管道（沟）、热力设备或其他管道（沟）之间，虽净距能满足要求，但检修管路可能伤及电缆时，在交叉点前后 1m 范围内，尚应采取保护措施；当交叉净距不能满足要求时，应将电缆穿入管中，其净距可减为 0.25m。

二、施工工艺流程

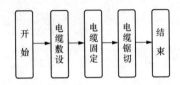

三、工艺质量控制措施

（1）听从指挥人员的统一指挥，将电缆推到指定位置并进行绝缘、外观检查登记后，按要求方位架到电缆托架上，在指挥人员的统一指挥下均匀地从托架上方牵拉敷设电缆。

（2）电缆到位并留足裕量后，裹扎另一只临时标牌，用电缆剪剪断电缆。

（3）按规程要求整理、固定电缆，将电缆的两头整齐盘放在指定位置。

（4）注意事项：电缆应单根敷设，以免绞扭；电缆不宜有对接头，如无法避免，应做好详细记录和明确的标识。

四、工艺质量通病防治措施

1. 质量通病

（1）电缆敷设凌乱，不整齐。

（2）电缆敷设弯曲半径不符合规范要求。

（3）电缆敷设过长（浪费严重）或者太短，中间有接头。

（4）电缆敷设错误。

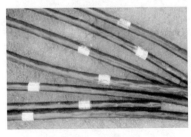

图 6-38　电缆标签

2. 预防措施及施工标准

（1）敷设电缆时，电缆应从电缆盘的上方引出，引出端头贴上相应的标签，粘贴应牢固，保证在敷设过程中不致脱落（见图 6-38）。

（2）电缆盘的转动速度与牵

引速度应很好配合，每次牵引的电缆长度不宜过长，以免在地上拖拉。

（3）电缆在桥架上应保持平直。转弯处应防止电缆弯曲过度，使电缆中的绝缘层受到损伤，电缆弯曲应满足最小弯曲半径要求。

（4）敷设过程中，如发现电缆局部有严重压扁或折曲伤痕现象时，应另行敷设，电缆按规定路径敷设至终点时，穿入规定的进线孔，必须预留足够长度（预留电缆按 1.5 倍盘高考虑，并检查所在盘是否有误），在各转弯处已做初步固定，直线段已初步整理，并确认符合设计要求时才允许锯断，严禁电缆放短或错放位置，不准在中间接头（见图 6-39）。

（5）电缆与热力管道、热力设备之间的净距，平行时应不小于 1m，交叉时应不小于 0.5m，当受条件限制时，应采取隔热保护措施。符合《电力建设施工技术规范　第 5 部分：管道及系统》（DL 5190.5—2012）技术规范要求。

图 6-39　电缆弯曲半径

（6）电缆敷设后应进行整理和固定，使其整齐美观、牢靠，电缆应均匀敷设在桥架上，中间用电缆扎带扎牢，避免起拱。

（7）固定电缆时，应按顺序排列，尽量减少交叉，松紧要适度，并应留有适当的裕量。

（8）电缆敷设宜固定点：①垂直敷设时或 45°倾斜敷设时，在每一个支架上。②水平敷设时，在直线段首末两端，电缆拐弯处，水平直段控制电缆每隔 2 个横撑处，水平直段动力电缆每隔 4 个横撑处。③穿越保护管的两端。④引接线及端子排前 150～300mm 处。⑤离端头密封头约 1m 处。⑥在垂直穿过地面时，在刚高于地面处固定。

五、质量工艺示范图片

电缆敷设规范、美观示范图片见图 6-40。

图 6-40 电缆敷设规范、美观

第五节 电缆套管安装工艺策划

一、相关强制性条文

暂无相关强制性条文。

二、施工工艺流程

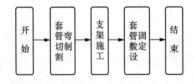

三、工艺质量控制措施

（1）电缆套管弯制应使用电动（或手动）弯管机冷弯。

（2）电缆管在弯制后，不应有裂缝或明显的凹瘪现象，其弯扁程度不宜大于管子外径的 10%；电缆套管的弯曲半径应大于被保护电缆的最小弯曲半径，电缆套管的弯成角度不应小于 90°。

（3）电缆套管弯曲处表面应无裂纹、无凹陷，镀锌皮剥落处应涂以防腐漆。

（4）支架固定：支吊架应设置在套管便于固定的地方，间距不大于套管最大允许跨距，套管转弯处应考虑设支吊架，布置应整齐美观。

四、工艺质量通病防治措施

1. 质量通病

（1）电缆套管直接焊接在支架上。

（2）多根管子敷设不美观。

（3）电缆管有毛刺、不光滑。

（4）电缆软管缺损、脱落。

（5）电缆套管固定支架不牢固，晃动。

2. 预防措施及施工标准

（1）现场切割电缆套管应使用砂轮切割机或切管器。切割面应垂直于管子轴线。管口应保证光滑，无毛刺。

（2）电缆套管弯制应使用电动（或手动）弯管机冷弯，必须采用机械加工，以保证保护管的外观工艺。

（3）电缆管在弯制后，不应有裂缝和显著的凹瘪现象，其弯扁程度不宜大于管子外径的 10%；电缆套管的弯曲半径应大于被保护电缆的最小弯曲半径，电缆套管的弯成角度不应小于 90°。镀锌层剥落处，应涂以防腐漆（见图 6-41）。

（4）预埋管必须要临时封堵，防止异物堵塞管路（见图 6-42）。

（5）支吊架应设置在便于套管固定的地方，间隔不大于管道最大允许跨距。套管转弯处应考虑设支吊架，布置应整齐美观

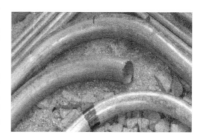

图 6-41 电缆套管机械弯制

（见图 6-43）。

图 6-42 保护管封堵

图 6-43 支架固定

（6）支吊架不准直接焊在压力容器、管道或设备上，可采用焊接方式固定在支撑梁，或用混凝土预埋铁和膨胀螺栓固定于混凝土结构上。

（7）套管敷设时各类弯头不应超过 3 个，直角弯头不应超过 2 个，当实际施工中不能满足要求时，可采用内径较大的管子或在适当部位设置拉线盒，要符合技术规范要求。

（8）电缆套管应固定在桥架上边沿，不允许直接从底部或顶部穿入桥架固定，并且从槽盒、桥架开孔必须采用开孔器开孔（见图 6-44）。

（9）电缆套管固定应使用 U 形抱箍或专用卡子，禁止采用焊接法固定（见图 6-45）。

图 6-44 电缆套管安装

图 6-45 电缆套管固定

（10）电缆管固定点间的距离，不应超过 3m。整个电缆套管至少两点固定，且弯管处应加以固。

（11）单管敷设时要求横平竖直，多根管子排列敷设时，管口高度、弯曲弧度应保持一致，力求布置的整齐美观。

（12）电缆埋管的连接应采用套管连接方式，套管长度为连接管外径的 1.5～3 倍，连接管的对口处应在套管的中心，焊口应焊接牢固、严密。

（13）地面上电缆套管连接应采用丝扣连接方式，管端套丝的长度不应少于管接头长度的 1/2。

（14）电缆套管接入接线盒时应尽可能从下方引，且必须封堵电缆套管的管口（见图 6-46）。

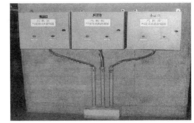

图 6-46　接线盒安装

（15）敷设在竖直平面上的电缆套管口应距离平面至少 1/4″（6mm），电缆套管管口离地面至少 30mm（见图 6-47）。

（16）金属软管与电缆套管的连接应采用套丝螺纹连接和卡簧接头连接，电缆套管与接头应能紧密配合（见图 6-48）。

图 6-47　电缆套管规范安装　　图 6-48　卡套接头安装

（17）电缆管的埋设深度不应小于 0.7m；在人行道下面敷设时，不应小于 0.5m，电缆管应有不小于 0.1%的排水坡度，伸出建筑物散水坡的长度不应小于 0.25m。

五、质量工艺示范图片

保护管安装、软管安装示范图片分别见图 6-49、图 6-50。

图 6-49　保护管安装　　　　图 6-50　软管安装

第六节　热控电缆制作与接线工艺策划

一、相关强制性条文

暂无相关强制性条文。

二、施工工艺流程

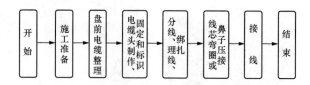

三、工艺质量控制措施

（1）每一批电缆敷设完毕，应立即安排接线人员接线。

（2）电缆标牌的内容应正确、清晰、不褪色。

（3）电缆排列整齐美观、绑扎牢固。

（4）电缆的每根导线要留出足够的裕量，且弯曲度一致。

（5）芯线上的小号牌要正确、清晰、不褪色、长度一致，软芯导线应压接合适的线鼻子。

（6）屏蔽接地：

1）原则上需屏蔽接地的电缆在控制柜侧接地，就地装置侧浮空。

2）信号源接地的屏蔽电缆，机柜侧的屏蔽线浮空。

3）对绞屏蔽电缆的屏蔽线，在机柜侧电缆头处引接至接地铜排。

4）每根多对绞屏蔽电缆的各屏蔽线压接在一起后引至机柜侧接地铜排。

5）有中间接线盒的屏蔽电缆，中间端子处应保持屏蔽线连接可靠。

四、工艺质量通病防治措施

（1）电缆接线错误。施工要点及预防措施：

1）接线人员必须经过正规培训才能上岗，避免出现接线工艺差、错误率高的现象。

2）施工开始作业时，应将全部接头挂牌，挂牌前应先核对编号，做到卡、牌、物无误。

3）接线前应将接线图打印出副本统一粘贴在每面盘盘门内侧合适位置上，给施工人员的电缆排列、做头接线提供方便条件。

4）施工接线宜从上层到下层从左侧到右侧进行。

5）施工每个盘柜接线，宜由同一人作业，不宜换人，防止差错。

6）施工接线处应有充足的照明。

（2）电缆头接触松动。施工要点及预防措施：

1）电缆头制作前，应根据电缆的规格、型号选择相应规格的热缩套管，同一工程的热缩套管颜色应统一为黑色。热缩套管长度要求为 60mm，套入电缆的位置应以电缆剖割点为基准线，基准线上方（芯线处）为 25mm，另一端为 35mm（以下简称大小头）。本工程选用的热缩管为黑色，烤制时应温度均匀，热缩管中无气泡。

2）线鼻子与芯线连接时，线鼻子规格应与芯线相符，线鼻子与线芯表面接触应良好，无裂纹、断线，铜线鼻子表面应光滑，导线和线鼻子压接应牢固。

3）控制电缆头装配应紧固、密实，塑料带包缠密实、紧固。

4）线鼻子和设备之间螺栓应压固，螺栓公差应符合规范要求，后部设弹簧垫，其紧固性应足以防止机械运动振动时造成的松动。

（3）电缆接线不整齐，不美观。施工要点及预防措施：

1）在电缆夹层或其他地方盘柜进盘前的电缆要安排专门人员进行排列，必须考虑盘下的整体布局，预留上线位置，保证排列弧度一致、绑线间距一致、美观。

2）电缆进盘柜前，事先考虑电缆的总根数，计算出全部电缆排列所需长度再除以盘内侧能容纳下单排电缆的宽度，得出共需排列几排，根据此数据制作盘内用于绑扎固定电缆的支架，最好采用不锈钢管制作。

3）进盘的电缆如分层排列，最内层应尽量排列接在端子排上方的电缆，外层应尽量排列接在端子排下方的电缆，相邻两层高度200mm 为宜，如空间不允许再具体考虑，内层最高，外层最低。

4）应确认欲接线盘柜电缆是否全部（或某一批）敷设到位，排列时考虑给后续施工预留出空间。

5）每面盘的接线施工应有明确分工，制作统一标志牌，内容包括设备名称，接线人姓名，开、竣工日期，技术负责人等，在开工伊始就粘贴在盘正面右上角醒目处。

6）在电缆夹层或其他地方盘柜进盘前的电缆要安排专门人员进行排列，必须考虑盘下的整体布局，预留上线位置，保证排列弧度一致、绑线间距一致、美观。

（4）电缆头制作。施工要点及预防措施：

1）电缆头不应出现斜口（倾斜）。电缆剥皮前，将单层排列完毕的电缆用水平尺和白色记号笔在同一水平标高上划一直线，每根电缆按此线位置用电缆刀沿电缆截面剥开电缆皮，注意千万不能伤及线芯。

2）前排电缆头制作位置要合适。剥电缆皮前应计算各排预留的高度，避免出现电缆头低而导致后续的电缆牌被埋在盘底防火封堵堵料里面。

3）电缆头固定应牢固。刚剥过皮的电缆由于剥皮时强大的拉力作用，会导致支架上的绑线拉长而松动，此时需要将原来的绑线全部去除，重新进行二次绑扎固定，同时将电缆头调至水平。

4）热缩头应整齐。采用适合电缆型号的热缩管，将屏蔽线放到电缆后方从热缩管下方引出，保证高度一致再用热缩枪施工。

5）电缆金属软管现场必须全部统一，采用黑色的电缆金属软管。

（5）线芯排列、接线。施工要点及预防措施：

1）进线槽前线把排列应整齐、美观。此处可不必进行分线，按照盘内实际情况单排线把从盘的同一侧进入线槽，然后根据接线位置在线槽内进行分线。

2）线槽内线芯排列应流畅、有条理。线槽内的线芯要同露在外面的线芯做同样处理，但不必太僵硬，留出必要余量。

3）没有线槽的盘内线把处理。一般上下线把粗细不均匀，可在接上线芯的地方补充同样型号、颜色的线芯，使线把直径保持一致。

4）备用线芯预留高度应一致。无论在线槽内还是无线槽的线把将备用芯均留在线把的最末端，并将备用芯套上电缆标记。

5）线芯固定必须牢固可靠。要求施工人员每接完一根线芯都要顺便用手向外拉一下，如松动必须重新固定，对于多股软芯电缆，接线时必须压接线鼻子再进行施工。

（6）线号、屏蔽线。施工要点及预防措施：

1）线号摆放应整齐、美观。线号长度应一致，选用规格和线芯应匹配，字号方向应遵循"从左至右，从下至上"的原则，摆放位置一致，字号朝外，整齐、美观。

2）屏蔽线处理。作电缆头时，可将屏蔽层从根部割除但留有 10mm 左右余量，再用 0.75mm² 的接地软线和根部屏蔽层焊接牢固后从热缩管下方引出，最后统一整理用线鼻子压接到盘内接地铜牌上。

3）电缆屏蔽线采用接地专用的黄绿线（见图 6-51）。

图 6-51 屏蔽线接线工艺

（7）电缆标识与设备标识。

1）热工电缆标识分为电缆盘柜内标识、就地电缆标识以及热工设备标识，电缆标牌要求统一使用白色的 PVC 标识牌，规格为 70mm×25mm，并用专用打印机进行打印，要求字迹清晰、不易脱落，字体统一为黑色。每根电缆一个标牌，使用尼龙扎带固定，同一排高度要求一致，一般固定高度为缆头剥切位置向下 10mm。

2）线号、分线、理线和绑扎：

a. 线号套制作：

（a）线号套尺寸应根据芯线截面选择。

（b）线号套上应标明电缆编号、端子号、芯线号和电气回路号。线号套正面打印电缆编号，并打印端子号和芯线号。

（c）线号套规定长度为 25mm，线号套打印时应注意两端的对称性，打印的字体大小应适宜，字迹清晰。

（d）芯线上线号的套入方向，应根据端子排的方向确定，当端子排垂直安装时，线号套上编号（字）应自左向右水平排列；当端子排水平安装时，线号套上编号（字）应自上而下排列（见图 6-52）。

图 6-52　线号套编号

b．分线和理线：

（a）电缆线芯必须完全松散，并进行拉直，但不能损伤绝缘或线芯。

（b）同一盘内的线束按垂直或水平有规律的排列，整齐美观，主线束与小线束分线处必须圆滑过渡，小线束与主线束绑扎后保持 90°直角，外观保持整齐。

c．线束绑扎：

（a）线束绑扎的材料要求为塑料扎带，而且同一盘内的绑扎材料颜色应保持统一。

（b）盘柜内同一走向的电缆线芯应绑扎成一圆把，在每根电缆头上部40mm处进行第一道绑扎，以后主线束绑扎间距为10mm，分线束间距为50mm；分支出的两端、每芯分线处应绑扎；对同一位置的多束布置绑扎点基本保持在同一水平线上。经绑扎后的线束及分线束应做到横平、竖直、走向合理，保持整齐、美观。

（c）备用芯要求统一放置子端子排的终端。

3）芯线上线号套的套入方向，应根据端子排安装的方向确定，当端子排垂直安装时，线号套上编号（字）应自左向右水平排列；当端子排水平安装时，线号套上编号（字）应自下而上排列，目的就是方便核对编号（见图6-53）。

图6-53 线号套编号

4）就地电缆、仪表阀门标识：总的原则就是集中布置的就地电缆设备应绑扎工艺一样，高度、方向均一致，保证工艺效果美观。

五、质量工艺示范图片

电缆标牌齐全、就地设备标识、一次阀门标识、接线及标识工艺、标识工艺、接线工艺美观示范图片见图6-54～图6-59。

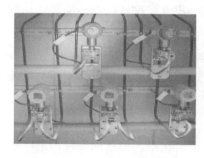

图6-54 电缆标牌齐全

图6-55 就地设备标识

图 6-56 一次阀门标识

图 6-57 接线及标识工艺

图 6-58 标识工艺

图 6-59 接线工艺美观

第七节 热控盘(盘、台、柜)安装工艺策划

一、相关强制性条文

暂无相关强制性条文。

二、施工工艺流程

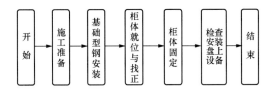

开始 → 施工准备 → 基础型钢安装 → 柜体就位与找正 → 柜体固定 → 检查安装盘上设备 → 结束

三、工艺质量控制措施

盘、台、柜及其底座到达现场后，应及时组织联系开箱并运至施工现场，若因条件限制不能运入现场的，应贮放于干燥的仓库内，短时期露天存放，应有防雨、防水措施。开箱时应注意不得损坏盘面和盘内设备。

四、工艺质量通病防治措施

（1）盘底座变形，切口、焊缝不平整。施工要点及预防措施：

1）下料时选用平直的槽钢，如有弯曲需调校标准。选用角向切割机或无齿锯进行下料，避免使用电、火焊切割。组合时找好尺寸采用"对角焊接，先点焊再满焊"的原则，满焊前可将底座四面临时固定在水平钢制平台上，以免焊接时产生拉力变形，焊接完后，焊缝应打磨光滑平整。

2）预埋件与基础间垫铁应塞实，焊接必须牢固。

3）盘底座接地需可靠。选用符合设计要求的扁钢，在底座固定完成后进行，应多点（至少两点）和电气接地网连接，两侧必须满焊。

（2）盘柜变形、油漆损伤等。施工要点及预防措施：

1）盘柜运输时应在不拆包装的情况下运至施工现场，开箱过程中应注意撬棍等工具不要损伤盘面。

2）吊运时应由专业起重人员指挥，用液压叉车运至安装位置待用。

3）整个过程采取防止盘柜倾倒措施。

4）安装后，注意采取成品保护措施（见图6-60）。

图6-60　成品保护

（3）盘柜标高、垂直度及安装位置的控制。施工要点及预防措施：

1）盘底座安装时，用水平仪进行多角度测量定位，按照土建图纸测出最终地面高度，盘底座需高出最终地面 10mm，全部按照一个标准进行施工。

2）盘柜找正。成排盘推至盘底座上后，先将第一面盘水平度及垂直度调至标准值，然后固定，再依次将其他盘柜找正并拧上地脚螺栓，但先不固定。

3）盘间螺栓的安装。成排盘找正后，相邻两面盘选用合适的镀锌螺栓，从预留孔穿进拧紧，如盘变形间系不符合要求，可在适当位置钻孔加装螺栓，直到间隙符合要求为止。

4）绝缘垫安装。本工程采用福克斯波罗公司提供的分散控制系统，厂家要求机柜浮空，可选用 10mm 厚度黑色绝缘胶皮加装，然后用 500V 绝缘电阻表测量机柜和底座之间绝缘，阻值应符合厂家要求。其他安装在振动较大场所的盘柜也应垫 10mm 厚度绝缘胶皮，采用螺栓连接。

5）盘柜固定。DCS 机柜选用聚四氟或钢制螺栓配绝缘垫的方式使机柜和底座之间保证绝缘，其他盘柜均选用镀锌螺栓固定。当绝缘胶皮垫完后即可将地脚螺栓拧紧将盘柜固定牢固。

6）检验。DCS 机柜安装完后必须再用 500V 绝缘电阻表测量机柜与基础之间的绝缘是否符合厂家规定。检查盘面时要拉一直线绳，用板尺测量均在一条直线上。成排盘垂直度偏差每米不大于 1mm，水平度相邻两盘顶部不大于 1.5mm，成排盘不大于 4mm，柜间缝隙不大于 1.5mm（见图 6-61、图 6-62）。

7）盘上设备检查安装。安装完的盘柜外观应完好无损，油漆完整无划痕，开关按钮齐全，标志牌清晰。电源柜内母线按厂家规定安装并采取适当绝缘措施。

8）就地点火柜、保护、保温箱等盘柜的安装。应根据现场实际情况并结合施工图纸进行二次设计，使就地盘柜安装位置更加合理，既符合规程要求又便于操作、维护且不妨碍通行及其他设备的安装。

图 6-61　机柜安装（一）　　　图 6-62　机柜安装（二）

五、质量工艺示范图片

电子设备间盘柜安装、主控室操作台安装（一）、主控室操作台安装(二)、接地控制柜成品保护示范图片分别见图 6-63～图 6-66。

图 6-63　电子设备间盘柜安装　　　图 6-64　主控室操作台安装（一）

图 6-65　主控室操作台安装（二）　　　图 6-66　接地控制柜成品保护

第八节　热控设备成品保护工艺策划

（1）盘柜成品保护：

1）电子设备间安装完成的盘柜应挂上明显的保护标志牌。

2）就地盘柜安装完成后应在全部盘面上粘贴彩条布，并且将开关、按钮、盘锁等露在外面以不影响后续施工及操作，盘顶部应铺三防雨布或防火毯进行防火保护，整体效果应整洁、美观，并悬挂"防火、防尘、防水、防碰撞"等标志牌。

3）在盘柜上方有大面积施工时，可在盘顶部临时固定一块钢板加以防护（见图6-67）。

图6-67　盘柜保护

（2）取样装置成品保护：

1）压力、温度取样插座焊接安装完毕后用胶带或破布将插座口临时封堵，避免电、火焊渣溅上丝扣，同时避免异物进入管道等设备。

2）位于水冷壁、汽水分离器及过热器上的金属壁温集热块必须在锅炉水压前安装完毕，然后用绝缘胶布全部缠上无外漏加以保护。

3）火检探头安装完毕后，应悬挂防止碰撞的警示牌。

4）风量取样装置应在风道吹扫干净后进行。

（3）电缆桥架、电缆成品保护：

1）安装完的电缆桥架在醒目位置悬挂"注意成品保护"字样标志。

2）严禁借助电缆桥架作为支点搭设脚手架。

3）严禁在电缆桥架或电缆管上搭接电焊地线。

4）就地电缆桥架内的电缆用三防雨布或防火毯铺盖加以

防护。

（4）仪表管路成品保护：

1）悬挂"严禁踩踏"、"严禁碰撞"字样警示牌。

2）成排仪表管除挂警示牌外，用钢管或角钢做护栏进行遮挡。

3）必要的地点在管排上方用彩条布覆盖，防止油漆等的二次污染。

4）严禁利用仪表管路及支架作为支点绑扎脚手管。

5）严禁电焊打伤仪表管路。

（5）就地仪表设备成品保护：

1）金属壁温导线用三防雨布或防火毯结合电缆槽盒进行封闭。

2）就地无保护柜的变送器应覆盖三防雨布或防火毯，或者采取如图 6-68 所示的保护。

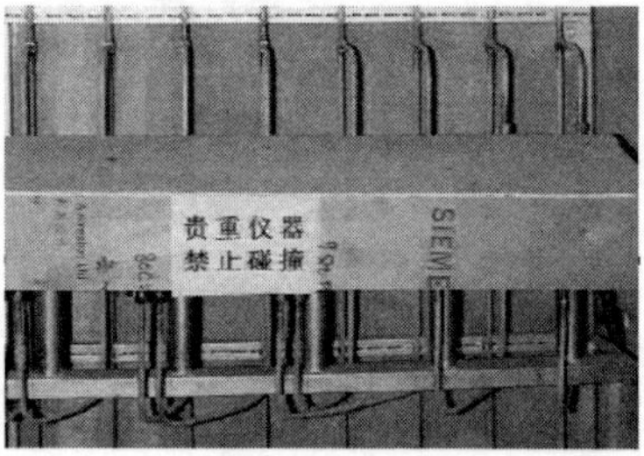

3）执行机构安装完毕后用三防雨布或防火毯覆盖，对于集中的气动、电动执行器可在上方用铁板加角钢制作棚盖进行保护。

4）在室外漏天的仪表设备需制作安装标准的防雨盖。

图 6-68　变送器保护

5）悬挂"严禁踩踏、碰撞仪表设备"的标识牌。